# 破解

## 你的

## 情绪密码

冯国涛 / 编著

中国华侨出版社

**图书在版编目（CIP）数据**

破解你的情绪密码：做自己的心理医生/冯国涛编著. —北京：中国
华侨出版社，2012.3
ISBN 978 – 7 – 5113 – 1910 – 4

Ⅰ. ①破… Ⅱ. ①冯… Ⅲ. ①情绪—自我控制—通俗读物
Ⅳ. ①B842. 6 – 49

中国版本图书馆 CIP 数据核字（2012）第 005322 号

● 破解你的情绪密码：做自己的心理医生

编　　著/冯国涛
责任编辑/尹　影
经　　销/新华书店
开　　本/710×1000 毫米　1/16　印张 15　字数 220 千字
印　　数/5001–10000
印　　刷/北京一鑫印务有限责任公司
版　　次/2013 年 5 月第 2 版　2018 年 3 月第 2 次印刷
书　　号/ISBN 978 – 7 – 5113 – 1910 – 4
定　　价/29. 80 元

中国华侨出版社　　北京市朝阳区静安里 26 号通成达大厦 3 层　　邮编 100028
**法律顾问：陈鹰律师事务所**
编辑部：（010）64443056　　64443979
发行部：（010）64443051　　传真：64439708
网　址：www. oveaschin. com
e-mail：oveaschin@ sina. com

# 前言

　　人生总是充满了机遇和挑战，面对纷繁复杂的人生，不顺心的时候会经常有，正所谓"人生不如意事十之八九"，道路不总是平坦，阳光不总是灿烂。生存的压力、情感的挫折，甚至亲人的离世，都会让我们感到生活的艰难和困苦，这时候，失落、彷徨、丧气、悲伤、内疚、悔恨等坏情绪就会成为不速之客，影响着我们生活的点点滴滴，令我们无法正常工作和学习。

　　这些不良情绪像是我们最"忠诚"的朋友，总是挥之不去，有时候甚至在很长的一段时间中，我们都陷入其中，无法自拔，就像是走进森林中一样，看不见天日，走不出昏暗，很多人就是因为无法排解这些内心的愤懑而做出傻事，既伤害了自己也伤害了他们最亲的人。

　　很多时候我们碍于面子，不想表达自己内心的脆弱；很多时候，我们思虑过多，不想给周围的人带来悲伤；很多时候，我们无法相信别人，以致于我们总是沉默，可是生活总是如此，会有不开心伴随着我们，会有坎坷泥泞来挡住我们前行的道路，会有烟雨蒙蒙遮蔽我们的未来，不要妄想事事顺心，连神仙都是烦恼的，何况我们这些平凡的人？然而人各有志，人与人是不同的，愚笨的人在遇到困难的时候总是想着躲避、抱怨悔恨；睿智的人却能在自己情绪低落的时候适时地解救自己，升华自我。

让我们一起走进自己的内心，了解自己的内心，认真对待生活中各种各样的情绪，试图寻找最有效的方法，学会自我解救，做一个生活的智者，排除生活的不良情绪，从而让我们的人生充满欢乐，让我们的生活更加幸福。

# 目录

## 第一章 抛开一切，直面自我
### ——解析自己的不良情绪

情绪是一种心理状态。生活的点点滴滴都会影响我们的情绪，有时候我们会精神焕发，有时候我们也会垂头丧气。每个人都会有不良的情绪，甚至天天都有，这并不可怕，也不要觉得格外担忧，关键的问题是，我们要学会认识自己的不良情绪，静下心来，想想自己有哪些不良情绪，同时，想想我们为什么会有这样的情绪。只有知道自己的症结在哪里，才能对症下药。我们要学会为自己的情绪把把脉，找出让我们闷闷不乐的源头，让坏情绪无处可逃。

把握自己的性情 …………………………………………… 2

是什么一直困惑着你 ……………………………………… 5

你为什么总是不开心 ……………………………………… 8

你有忌妒的情绪吗 ………………………………………… 12

你为什么总是不喜欢自己 ……………………………… 15

你在害怕什么 …………………………………………… 18

你的生活到底哪里不如意 ……………………………… 22

你为什么在焦虑 ………………………………………… 25

# 第二章  理性对待，积极转化
## ——乐观地对待自己的不良情绪

在人生的长河中，缺陷是难免的，挫折也是难免的，困难的时候，情绪很难达到良好状态。但是，我们可以乐观地对待自己的情绪，以理性而非自暴自弃的态度积极地进行调节，唯有如此，才能让心情有所转机。懂得生活的人总会从客观的角度来认识事物，从而寻求最佳的方式，让劣势转换成优势。你是个充满智慧的人吗？如果你是，或者你想成为这样的人，那么就要积极应对不良情绪，让美丽的彩虹在风雨过后更加美丽。

走自己的路 ……………………………………………… 30

学会适当地倾诉 ………………………………………… 34

在痛苦中看见希望 ……………………………………… 37

让乐观成为座上宾 ……………………………………… 41

变消极为积极 …………………………………………… 44

换一种角度看问题 ……………………………………… 47

不要自寻烦恼 …………………………………………… 51

# 第三章　奋勇向前，永不认输
## ——对生活抱有坚定的信念

　　生活中难免会有许多挫折，生活中难免会有许多磨难。但是，即使遇到高山险阻，也要相信平原坦途就在前方；即使遇到狂风暴雨，也要相信灿烂的阳光终会照耀大地。阳光总在风雨后，如果你用一种良好的情绪对待生活中的苦乐，那么即使遇到再大的磨难，你也会永远屹立而不倒；如果你对生活没有失望，那么即使风吹浪打，也阻止不了你对生活微笑。一个能控制自己情绪的人是一个幸福的人，是一个永远不会被打倒、被击垮的人，是一个必将在人生之路上取得成功的人。

保持对生活的热情 ……………………………… 56

人生在世，何惧风雨 …………………………… 59

在困境中保持微笑的姿势 ……………………… 62

让梦想不再退缩 ………………………………… 64

做行动的践行者 ………………………………… 67

培养自信的习惯 ………………………………… 71

对希望不放弃、不抛弃 ………………………… 74

张开希望的翅膀 ………………………………… 77

# 第四章　拨开云雾，丢弃烦恼
## ——走出烦忧，面朝大海，春暖花开

生活之中难免会有心烦气躁，难免会忧愁抑郁，这些不好的情绪总会在我们的生活中起起伏伏。很多时候，不良情绪就像是一个冠冕堂皇的陷阱，似乎我们总能找到不开心的理由，所以我们放纵了情绪，进而放纵了这种情绪对生活的影响。当我们被坏情绪缠身的时候，我们不要总是徘徊在其中，我们要学会跳出来冷观一切，适时地给好情绪一个台阶，让开心、快乐轻松地来到我们的身边。

整理心情，拒绝杂乱 ………………………………… 82

让忧虑烟消云散 …………………………………… 84

不让抑郁泛滥 ……………………………………… 89

平衡生活，和谐人生 ……………………………… 92

拒绝心理疲劳 ……………………………………… 95

战胜心中的怒火 …………………………………… 98

让悲伤不再停留 …………………………………… 102

快乐就在前方 ……………………………………… 105

# 第五章　举重若轻，减少压力
## ——压力来的时候不妨拿出乐观的盾牌

生活中难免会有压力，在竞争日益激烈的现代化社会，压力如影随形。但是压力会破坏我们的幸福生活，像是一个不经意的陷阱，将我们拉入痛苦的深渊。所以我们必须要能释放压力、消除压力、转化压力，只有这样，我们才能更好地工作和学习。

正确认识压力 …………………………………………… 110

积极运用压力 …………………………………………… 113

不要让竞争淹没了你 …………………………………… 116

走出自卑的深渊 ………………………………………… 119

学会有条不紊地规划生活 ……………………………… 123

抗压五部曲 ……………………………………………… 126

笑对人生 ………………………………………………… 129

# 第六章　良好情绪，助你成功
## ——敞亮你的心，用希望照亮未来

良好的情绪能够帮助我们在事业上取得更大的成功。一个人的成功需要智商，更需要情商，人们的智商差别并不大，但是有的人更容易成功、更容易让别人喜欢，这就是情商作用使然。保持良好的情绪，其实就是不断提升自己的情商。拥有良好的情绪使我们能够更加轻松地对待工作中的挫折，使他人能够更加轻松愉快地和你交流合作，良好的情绪就是交际中的润滑剂，能让你的人际关系更加和谐，更能够让你更容易交到朋友，从而助你成功。

情商高的人更容易成功 ·············································· 134

约束情绪让你更容易成功 ·········································· 137

良好地运用情绪领导员工 ·········································· 141

控制情绪能让你在竞争中不败 ·································· 144

微笑让你更有竞争力 ·················································· 146

良好的情绪让人际关系更加和谐 ······························ 150

心情爽朗，远离亚健康 ·············································· 153

良好的情绪让人变得美丽 ·········································· 155

# 第七章　解读自我，创造和谐
## ——过于完美的完美就是残缺

完美是人们向往美好事物时所产生的目标和渴望，对于完美，每个人都会有不同的见解，甚至同一个人在不同时期、不同环境下也会有不同的见解。残缺在大多数人的眼中是阴暗的、不完整的，是人们在现今社会尽力去避免的，但随着人们为了完美而竭尽全力去除残缺的时候、耗尽一生的精力回过头来却发现完美和残缺是共存的、不可分割的，过于完美的完美就是残缺。

完美不一定最美 ……………………………………… 160

经常进行自省 …………………………………………… 163

懂得放弃 ………………………………………………… 167

允许自己"灵魂出窍" ………………………………… 170

活出真实的自我 ………………………………………… 173

学会宽恕别人 …………………………………………… 176

学会自我激励 …………………………………………… 179

# 第八章　释放自己，影响他人
## ——社交的成功在于情绪的把握

　　良好的社交是我们成功的一个很重要的条件。在现代社会中，人脉是我们成功的最大砝码。然而良好的情绪是积攒人脉的重要条件。保持良好的情绪能帮助我们交更多的朋友，能让我们在与朋友的交往中更加游刃有余。释放自己，让自己轻松愉快；影响他人，让别人被自己的快乐情绪感染。一个总是保持良好情绪的人能给别人带来快乐，一个总是保持良好情绪的人才能增加个人魅力。

学会适当地表达情绪 …………………………………… 184

不要让自己的不良情绪影响他人 ……………………… 186

学会体谅他人 …………………………………………… 189

学会自我安慰 …………………………………………… 192

学会倾听 ………………………………………………… 195

避开他人的不良情绪，保持快乐的心境 ……………… 197

良好的情绪能活跃人际关系 ·················· 200

良好的情绪为你带来更多朋友 ·················· 203

# 第九章　美好人生，快乐至上
## ——把快乐当影子，你才能与它如影随形

人生或许有不如意，然而并不妨碍你拥有快乐。如果你能够调动自己积极的情绪，那么，即使面对风雨，你也会感到一种狂暴之美；即使身陷困境，你也会一如既往地乐观。快乐并不是别人给予的，而是你自己的感觉。每个人都应该自觉地给自己一种良好的情绪，抵制不良情绪的影响，使自己每天都能够过得快乐幸福。

自嘲也是一种豁达 ·················· 208

幽默的人更有魅力 ·················· 211

在知识中追寻桃花源 ·················· 212

保持一颗赤子之心 ·················· 216

保持浪漫的生活态度 ·················· 219

惬意地生活 ·················· 222

乐而忘忧 ·················· 225

# 第一章

## 抛开一切，直面自我
### ——解析自己的不良情绪

　　情绪是一种心理状态。生活的点点滴滴都会影响我们的情绪，有时候我们会精神焕发，有时候我们也会垂头丧气。每个人都会有不良的情绪，甚至天天都有，这并不可怕，也不要觉得格外担忧，关键的问题是，我们要学会认识自己的不良情绪，静下心来，想想自己有哪些不良情绪，同时，想想我们为什么会有这样的情绪。只有知道自己的症结在哪里，才能对症下药。我们要学会为自己的情绪把把脉，找出让我们闷闷不乐的源头，让坏情绪无处可逃。

# 把握自己的性情

　　性情，是日常生活中经常碰到的普遍心理现象之一。然而，性情的不同会对我们的情绪产生很大的影响。每一天中，我们的情绪都会千变万化，时而高亢，时而舒缓。不同的情绪会对我们的身心产生不同的影响，好的情绪自然利于身心发展，坏的情绪往往会对我们的身心产生不好的影响，影响心情，也会伤害身体。所以把握自己的情绪就是掌控自己的健康密码。

　　人的性情有好有坏。性情好的人无论到哪里都会受到欢迎，因为好的性情容易带来工作与学习的良好情绪，使别人喜欢同他合作、共事；性情不好的人，则常常给自己和别人带来苦恼，情绪不稳定，甚至会经常出现坏情绪，使别人觉得很难与之相处。有人做过调查，发现绝大多数男女青年在选择配偶时，都把对方性情好作为条件之一。根据经验我们也知道，在一个家庭或一个单位里，如果有一两个性情不好的人，常会使这个家庭或集体中的人搞不好团结。因此，改掉坏性情不仅可以消除个人的苦恼，还能够促进家庭和睦、增强集体团结。

　　小张是一个急脾气的人，做事情喜欢一步到位，所以每次都是风风火火，每次他看到事情做不完情绪就很不好，总是强迫自己一定要做完，否则心情就很低落，有时候甚至对着别人发脾气，就因为这样，办公室里的人与他相处都非常小心，生怕做事情做不好就受气。因为小张这样的性格，大家都不愿意与他合作，虽然他是个好人，也很积极努力，但是晋升的机会总是轮不到他。他苦思不得其解，为什么自己这么卖力还是没有收获，最后才知道因为自己的性格总是带来不良情绪，让别人对他敬而远之。试想，连与人相处都困难的人怎么能得到提升呢？除了事业受到不良影响，由于自己经常出现坏情绪，对自己的身体也不好，小张甚至觉得自己得了抑郁症。

小明性情温和，做事情不急不躁，而且非常宽容，从不要求别人，乐于助人，每天都乐呵呵的，她每天都能保持比较良好的情绪，大家都觉得她非常好接触。到一个新的环境里，大家很快就能接受她，而且上司看到她和大家的关系这么融洽，也总会有意提拔她，让她担任一些比较重要的工作，凭借自己的良好性情，小明的生活、事业总是很顺利。

人的性情的好与坏，与生活和工作的环境有很大关系。温顺、平和、忍耐等好性情，往往同和睦温暖的家庭环境以及良好的教养有密切的联系；而暴躁、倔犟、怪癖、任性等坏性情，则常常与娇生惯养、过分溺爱或得不到家庭温暖、父母的要求过于严厉有关。个人生活道路的平坦或坎坷，对人的性情和性格也会产生重大的影响。"江山易改，禀性难移"，是说人的性情、性格有稳定性的一面，但并不是说性情、性格是固定不变的。大家知道，有些人年轻时性情暴躁，犟得像一头不听使唤的牛；但经过生活的磨炼，特别是吃了坏性情的亏以后，他的性情就慢慢变得比较平和了，对事情也不那么固执己见了。所以坏性情是可以改变的。当然，也有不改变的，那是由于他自己没有改变坏性情的要求，或者有要求而没有认真地去改。实际上，一个人的性格和脾气通过自身的努力是可以改变和防止的。生活中有许多过去爱发脾气的人，后来都学会了正确地自我控制。

那么，怎样才能改掉坏性情呢？首先，最重要的是要很好地认识坏性情的危害。我们在社会生活中，总要同其他人进行接触和交往，希望得到别人（当然不可能是一切人）的好感、友情、赞赏、合作，我们的生活总是离不开他人，良好的性情产生较良好的情绪，让我们做事情更加顺利。否则，就会感到孤独、寂寞、没有生气、寸步难行。人的行为是受意识的调节和控制的，认识了坏性情的危害，便可从内心产生改掉坏性情的要求。其次，要加强思想修养。只有心中经常想到别人，尊重别人的利益和需要，才会对别人关爱、体贴、热爱。只有时刻把集体的利益放在第一位，才不致意气用事、固执己见，才能遇事平心静气、三思而行。改掉坏性情要有决心和毅力，不能今天想起来了，就谨慎一点，过了两天又依然故我。要有决心和毅力，坏性情是一定能改掉的。最后告诉大家几个小妙招：加强修养，多看一些修身养性的书，并坚持写下自己的感受；把急躁脾气的坏处一一列出来，贴在醒目的地方，经常提醒自己：遇事冷静，学会控制自己的感情，如果做不到，可以让自己信任、亲近的人在关键时候提醒自己；对有些问题不要急于解决，先让自己多想一想再作决策。如果自己想不明白，可以找知心的人商量一下；管住自己的嘴，很多事都是祸从口出。遇到事情该回避的回避，一定做到少说、多看、多听、多分析。

此外，平时多参加一些集体社交活动，多找那些心胸开朗、脾气好的邻居、朋友聊天，经常与他们交流。同时，也可请家人或朋友随时随地督促，从而改掉爱发脾气的毛病。只有具有良好的情绪才能每天保持比较好的心情，从而让自己成为一个快乐的人。

 心灵秘籍

人贵在有自知之明，自身有缺陷并不可怕，可怕的是我们无法认识到自己的缺陷而一味地一意孤行。人的性情有好有坏，性格各异，而性情又与我们的情绪有非常重要的关系，良好的性情有利于让我们保持良好的情绪，从而心情愉快。所以，我们要认识自己，如果你是个性情急躁的人，那就慢慢地改正自己吧。

# 是什么一直困惑着你

孔子说："三十而立，四十而不惑，五十而知天命，六十而耳顺，七十而从心所欲不逾矩。"按照孔子的观点，人要到40岁才能不惑，那么之前的40年呢？人的一生当中总是存在着各种各样的困惑，很多时候，我们根本不知道我们自己在干什么，这个时候，悲伤、迷惑、懊悔、自卑的情绪就会包围着你。

很多时候我们需要认识自己，然后慢慢地去分析自己，只有知道自己是谁，了解了自己，才能更好地爱惜自己，才能更好地把握自己的情绪。

## 我是谁，我是否丢失了自己？

我是谁？这是我们一生需要探讨的难题，很多时候，我们真的难以把握自己，我们觉得了解了自己，实则不然。如果不了解自己，我们就无法清楚自己想要什么，怎么样才能达到人生的平衡。

因为我们不知道自己是谁，所以在不断地迷失自己。

有的人一辈子都喜欢批判别人，有的人一辈子喜欢追星，有的人一辈子都是在评论别人怎么生活，有的人喜欢追随别人、喜欢随大流，有的人喜欢赞赏别人而不知道赞赏自己，有的人总是觉得自己比别人好或者比别人差，这些都是失去自我的表现。这些人一开始就失去了自我，还有很多人是因为物质丢失了自我。人为财死，鸟为食亡是很多人信奉的功利哲学，当人们因钱财名利而失去自我的时候，人就会成为物欲的奴隶，失去自我，也就失去了掌控幸福的能力，为物质所累。有的人因精神贫瘠而失去自我；有的人因认知的浅薄而迷信、人云亦云，没有主见、没有自信；有的人因自我的渺小而弱化自我；有的人因自我膨胀而以自我为中心，这些都是失去自我的表现，前者不能主张自我的权利，后者因自我膨胀使得自己成为一个虚假的幻象。

信息时代，瞬息万变，面对光怪陆离的世界，人最容易丧失自我。我是谁？这个问题我们每天都应该反省一遍。每天当我们身心疲惫时，我们应该反省自己"我是谁?"每天当我们沉迷在蝇营狗苟中时，我们应该及时地反问自己"我是谁?"只有我们知道自己是谁，才能摆正心态，创造良好的情绪。

然而，我到底是谁？这是一个永远没有答案的问题，反过来，它又是一个有很多答案的问题。我是一个医生，救死扶伤就是我的快乐，我就不再畅想做一个园丁；我是一个工人，兢兢业业，创造出对这个社会有用的东西，这就是我的幸福，那么我就不会去想坐在办公室里；我是一个学生，好好学习、获得知识，这就是我的本分，那么我不再畅想成为大明星……人贵在认识自己、找到自我，然后知道自己到底应该干什么，唯有如此才能没有漂泊感和失落感，才能在人生的道路上一步一个脚印地走得踏实、走得幸福。

## 我要做一个怎样的人？

人的一生最重要的不是你生下来是谁，而是你想成为谁。很多时候，我们必须要有自己独立的思考，很多时候，正是因为我们有自己的目标，才真正实现了自己。这个世界不在乎你是谁，而在乎你想成为一个什么样的人，很多时候只要我们敢想敢做，也就真正实现了自己。

因此你要慢慢地想，慢慢地理出头绪：你到底想成为一个什么样的人，你到底想要一个什么样的自己，只有你想要才有可能得到，那么，让我们好好地做第一步工作……你想成为一个什么样的人：明智、独立、坚强、自信、健康、诚实、守信、忠诚、幸福、热情、温和、快乐、时尚、多艺、多才、个性、聪慧、乐观、耐心、宽宏、识广、进取、博学、果断……现在你的心里有谱了吗？如果没有请你继续想，如果有了请进行下一步，要确定你已经完成第一步才行。

接下来，请你再认真想，你到底为自己想成为一个这样的人做过哪些努力？到目前为止，你是否依然在积极地做，每天热切地想？要仔细想象，不能偷懒、不能忽略……你想到了很多，你是脸红了还是微笑了呢？你是否为了让自己博学而每天坚持读书汲取知识？你是否为了让自己健康而每天坚持锻炼身体？你是否为了让自己多才多艺而去广泛涉猎？你是否让自己幸福而每天保持乐观的情绪……现在，你已经知道自己做了些什么。你是什么都做了还是什么也没有做？如果你没有做，那么是放弃了最初的目标还是把它遗忘在了某个角落？

每一个人都有自己最初的梦想，随着时光的流逝，我们也许会改变我们的梦想，我们也许忘记了自己最初的梦想。一晃几年甚至几十年已经过去了，但是我们依然没有活出当初想要的自己，也许你会因此自卑、愧疚、甚至愤怒，没有关系，任何人都有松懈的时候，任何人都不是超人，我们有权利选择放弃。可是，你有没有想过，你是不是更想实现什么？更想让自己最初的誓言成为今天的骄傲？

那么，让我们从今天开始，为自己找一个梦想，或者拾回自己当初丢弃的梦想，只要你想做就不会晚，何必每天都自怜自叹呢？何必每天都生活在浑浑噩噩之中呢？我们可以证明自己其实很棒，我们可以每天都为自己的进步而欢欣，让我们做一个有目标的人，做一个幸福的人。

认识自己，知道自己到底应该做什么才能不丧失自我、不迷失人生

的方向。只有清楚路在哪里，你才能一步步地走向幸福。一个有梦想的人才是一个幸福的人，一个不断为着自己的梦想奋斗的人才是一个成功的人，只要你每一天都有进步，只要你在多年以后能够坦诚地讲自己一直在为着梦想前进，那么不管你走到哪里，你都是胜利者。好的情绪来源于内心的平衡和自足，上天凭什么让一个每天无所事事、忘乎所以的人微笑着过日子呢？

# 你为什么总是不开心

开心和郁闷只是一种心理状态，很多时候跟现实境况无关。开心的人，无论何时、无论外界条件怎样，看到的都是光明；郁闷的人，即使一帆风顺，也不会有幸福感，看到的是不安、烦恼、黯淡。很多时候，人的心理状态不取决于外界的环境，而取决于自己。开心是一种自我可以控制的情绪，开心的人总是能保持乐观向上的态度；而不开心的人总是存在着自卑、担心、消极的情绪。你知道自己为什么总是不开心吗？

很多时候，不开心的原因就在我们自己身上，而且是我们自己给自己的压力和心理暗示，现在就来探究一下，你在想什么？

## 你的担心是否经常多于信心？

生活中总会遇到各种各样的事情，很多事情都是我们无法预料的，我们无法把握明天到底是什么样子，我们无法决定明天是否会突然间阴云密布，可是真的当很多事情出现的时候，我们应该如何对待呢？是担心危险的出现还是要信心满满、坦然面对？是一味地杞人忧天？还是相信自己、笑对一切呢？

公司要裁员，于是大家纷纷充电加油，以免自己被淘汰。王刚想，这正是个激励自己进取的好机会，如果自己不努力，很有可能就是那个被裁掉的人，因此更要督促自己，提高业务水平，于是，他开始以更高的热情投入到工作中；李铭则一直在琢磨，怎么又要裁员？我会不会是被裁的对象？于是，他整天忧心忡忡、唉声叹气，工作也没什么心思做了，仿佛世界末日就要来临。一个月后，公司果然要裁员了，由于王刚的业绩特别好，在自我激励下业务量大大上升，而李铭呢？本来工作业绩还是可以的，可最近业绩突然下降，而且情绪非常不好。最后那些像王刚这样能够自信并且不断努力的人依然留在了公司并且得到了良好的职位，然而那些像李铭一样成天担心的人反而真的被淘汰了。

由此可以看到，前者是信心大于担心的人，后者是担心大于信心的人；前者是活得很开心的人，后者是活得很郁闷的人。信心大于担心，是自信的表现；担心大于信心，是自卑的表现。自信和自卑不仅是两种心态，而且这两种心态会直接影响做事情的结果。信心十足和杞人忧天的人，就算能力相当，做事的后果也会有差别。

从前有个人，相貌极丑。从街上走过，行人都要回头多看他一眼，心里嘀咕："世界上竟还有这么丑的人。"他也从不修饰，到死都不在乎衣着。窄窄的黑裤子、伞套似的上衣，加上高顶窄边的大礼帽，仿佛要故意衬托出他那瘦长条似的个子，走路姿势难看，双手晃来晃去。但他是个开心的人，他很清楚自己的某些不足和缺陷，他是个信心大于担心的人，他相信自己的优点足以弥补那些不足。

担心大于信心的人生是扬不起风帆的航船，老是在生活的岸边徘徊。这样的人总是小心翼翼，不敢向生活挑战。他们总是有一种不如人的感觉，过多地看到自己的弱点，并把这些弱点看作是致命的、永远不可克服的、决定自己一生的。无论做什么事，他们的第一个概念就是："成功不了怎么办?"

自信是做事情成功的一个重要的前提，很多时候我们失败，是因为自己无法相信自己，因为你不相信自己，所以别人也没法相信你。自信的人能够抓住更多的机遇，能够以更好的状态投入到生活和工作中，也才能有更好的情绪来面对一切。自信是良好情绪的一个重要源泉。

## 你是不是总往坏的方面想?

每个人看问题总有自己的角度，那就是你看世界的眼睛，开心的人站在客观、发展、乐观的角度看，于是总能看到好的一面；郁闷的人站在视野狭窄、片面、悲观的角度看，结果是总往坏处想。你是哪一类人呢? 有这样一个故事。

从前，有一个老太婆，她每天都是愁眉苦脸的。因为什么呢? 原来她有两个女儿，大女儿是卖雨伞的，小女儿是卖扇子的。每当晴天的时候，老太婆就愁她大女儿的雨伞卖不出去；每当阴天下雨的时候，老太婆就愁她小女儿的扇子会卖不出去。这样，久而久之，大家就称她为"愁婆婆"。有一天，一个智者知道了这件事，就想帮一下"愁婆婆"。他对"愁婆婆"说："我有办法让你由'愁婆婆'变成'喜婆婆'。""愁婆婆"一听非常高兴，问："是什么办法?"智者说："很简单，当晴天的时候，你就想一想你的小女儿的扇子会卖得很好；当阴天下雨的时候，你就想一想你的大女儿的雨伞会卖得很好。""愁婆婆"听后恍然大悟：原来换个角度考虑就行了。从此，她真的由一个"愁婆婆"变成了"喜婆婆"了。

常常听到有人抱怨自己长得不够美丽、抱怨自己的工作不顺利、抱怨自己的运气不够好，伤心欲绝地去向别人诉说。乍一听，还真认为上天对他太不公了，但仔细一想，他为什么不换个角度看问题呢？我们没有美丽的面庞，但是我们可以有美丽的笑容；我们不能改变工作环境，但是我们可以改变工作态度；我们不能样样顺利，但可以事事尽心，这样一想，你的心情是不是好很多？

这就是开心的人和郁闷的人的区别。开心的人未必现实境况比郁闷的人好多少，但两者看问题的角度不一样，所以才有了不同的心态。

或许你总是不满意，你总是觉得自己的天空是灰色的，你总觉得上天对你不公平，可是你为什么只是揪着自己的缺点和劣势不放呢？如果是这样，那么你永远是个缺陷很多的人；换个角度想问题，多看看自己的优点，多想想自己还能进步和改善的地方。人总是一步步地走向完美的，不是吗？不开心的时候为什么不换个角度看问题呢？

遇事往好处想，是一种乐观和科学对待问题的态度。遇事往好处想不代表盲目乐观，而是能够以更加良好的期望去解决事情，带着希望前行，就其本质来说，不是权宜之计，而是一种科学的人生态度，这种人生态度以积极与宽容为根本出发点。

## 心灵秘籍

你为什么总是不开心呢？你为什么总是在担心很多没有必要担心的事情呢？如果这样的情绪总是缠绕着你，你将如何面对每一天的生活？你又怎么有心思去接受新的事物呢？我们不惧风雨，是因为我们醉心于雨后美丽的彩虹；我们不惧困难，是因为我们知道经过历练过后将是更坚强的自己。人生路上难免有许多的不尽如人意之事，但我们不要死钻牛角尖，换个角度看问题，说不定我们会有意料不到的收获。

# 你有忌妒的情绪吗

　　你有过忌妒的情绪吗？在充满竞争的环境里，个体之间的差异在交往中日益凸显，这时候，人们便会不自觉地存在忌妒的心理，存有忌妒的情绪。

　　在日常生活中，忌妒是普遍存在的，就像是我们的一个朋友，它挥之不去，不请自来。英国科学家培根说过："在人类的情欲之中，忌妒之情恐怕要算做最顽强、最持久的了。"忌妒是一种缺陷心理。看到别人比自己强，或者某一方面比我们更加优秀，就会产生忌妒的情绪，心里特别不是滋味，尤其是那个人就在你的身边，是你的同事、你的同学，于是心里就产生了一种包含着憎恶和羡慕、愤怒和怨恨、猜疑和失望、屈辱和虚荣，以及伤心与悲痛的非常复杂的情感，这就是忌妒的情绪。小孩子有小孩子的忌妒，成年人有成年人的忌妒，老人也有老人的忌妒。

　　忌妒会使一个人由于内心的不平衡而故意地去讽刺、挖苦甚至中伤他忌妒的那个人。甚至，很多忌妒发展到一定程度还产生了非常恶劣的后果，有很多人就是因为忌妒去杀了人。忌妒是卑劣行径的源泉。

　　忌妒者不能允许别人超过自己，害怕别人的进步，害怕别人达到自己所无法到达的高度，只要是别人得到了自己认为好的东西，他就会非常难受，甚至寝食难安。在他看来，只要自己做不到的事情，别人做到了，那么这个人就是他的敌人，就是他最大的威胁，并且时刻想着怎么让他出丑，甚至让他颜面扫地。

　　忌妒的危害非常大。一个人一旦被忌妒的情绪所困扰，他就无法集中精力去做自己应该做的事情，往往头脑糊涂，没有任何动力、停滞不前、丧失信心、产生自卑心理，更可怕的是很有可能由于自卑而产生仇恨心理，从而做出一些失去理智的事情，造成严重的后果。好忌妒的人由于经常处于所愿不遂的情绪煎熬之中，其心理上的压抑和矛盾所导致的不良刺激也会在生理上严重危害他们的身体。

忌妒不仅危害本人，对于一个集体来说还是团结的腐蚀剂，忌妒会导致团体内部非常不团结，如果团体中的每一个人都各有心计，那么这个团体就会成为一盘散沙，无法前进，并且大家生活在这个团体中就会心情非常压抑，矛盾不断。可以毫不夸张地说，忌妒就像是一条藏在心灵深处的毒蛇，它不仅伤害了我们的心灵，还会不时地去伤害我们身边的人。

有人把韩非的著作传到秦国。秦王见到《孤愤》、《五蠹》这些书，说："我要见到这个人并且能和他交往，就是死也不算遗憾了。"李斯说："这是韩非撰写的书。"秦王因此立即攻打韩国。起初韩王不重用韩非，等到形势吃紧，才派遣韩非出使秦国。秦王很喜欢他，决定任用他。李斯、姚贾忌妒他，在秦王面前诋毁他说："韩非是韩国贵族子弟。现在大王要吞并各国，韩非到头来还是要帮助韩国而不帮助秦国，这是人之常情啊。如今大王不任用他，在秦国留得时间长了，再放他回去，这是给自己留下祸根啊。不如给他加个罪名，依法处死他。"秦王认为他们说得对，就下令司法官吏给韩非定罪。李斯派人给韩非送去了毒药，叫他自杀。韩非想要当面向秦王陈述是非，又不能见到。后来秦王后悔了，派人去赦免他，可惜韩非已经死了。

因为李斯的忌妒，导致韩非丢了性命，在忌妒面前，大臣不顾国家安危、不顾国家利益，把自己的私情放在前面，进谗言导致了才臣韩非的死。这样的例子还有很多，比如孙膑和庞涓。忌妒是一个害人害己的可怕情绪，忌妒应该受到我们的唾弃和斥责。

现代社会，大家依然对喜欢忌妒的人敬而远之，很多人也因为自己常有这样的心理而感到非常可耻。正是因为害怕这种忌妒心理在众人面前流露出来，所以我们就想办法来掩盖自己忌妒的内心，很多时候我们必须要装得光明磊落，于是我们变得谄媚、变得虚伪、虚情假意、曲意逢迎；或者我们变得愤世嫉俗，对任何取得成就的人都不屑一顾，甚至是唾弃，导致我们不敢追寻自己想要的东西，进而阻碍了我们前进的脚步……

在一般的情绪当中，忌妒是最可怕的，也是最可悲可叹的。不仅忌妒会使别人遭到不幸，而且自己也会因为自己的忌妒而遭受痛苦。长期处于忌妒的情绪中，犹如戴了一副有色眼镜，看到别人比自己好就会心理失衡，让自己的判断一开始就会有倾向而失去公正。更可怕的是，我们的潜意识里并不愿意承认自己是在忌妒，反而时时掩盖，时刻地欺骗自己，甚至是不科学的、一味地压抑，这样做的后果就是心理煎熬越来越严重，最终将导致更加严重的后果。

那么，我们应该怎样面对自己的忌妒心理呢？

忌妒的时候要想想自己忌妒的根源是什么，是不是自己在某一方面比不上别人、是不是自己想要得到的东西没有得到、是不是觉得自己不够优秀？那么，我们应该怎么办呢？如果通过自己的努力能达到的，那么就让我们把那忌妒的情绪转化为鼓励自己进步的动力，只有愚笨的人才会忌妒，聪明的人会积极努力地赶上身边的人，让自己不再忌妒。还有很多事情我们是没办法弥补的，比如身高、长相，这个时候我们应该想着从另一个方面去弥补，而不是自怨自艾，甚至自暴自弃。

最后，把忌妒转化为对别人的尊敬，然后虚心求教，让比你强的人成为你最好的朋友。如果别人比你强，你就去忌妒他、厌烦他，而总是和那些不如自己的人在一起，那么你永远不会有进步，难道你就不想有很多比自己优秀的朋友吗？正所谓近朱者赤，你应该放下自己那自卑式的骄傲向别人虚心求教，早晚一天你会发现，你和他们的差距会越来越小，到了最后，你也会成为一个使自己都忌妒的人。

**心灵秘籍**

忌妒像是我们前进道路上的绊脚石，忌妒像是令我们幸福快乐的最大敌人。聪明的人、爱自己的人不会随意地让自己处于忌妒的情绪之中，而是能够时时地解放自己、时刻地鼓励自己，让自己成为一个最棒的人。黑格尔说：有忌妒心的人，自己不能完成伟大事业，便尽量去低估他人的伟大，贬低他人的伟大，使之与他本人相齐。你想做这样的人吗？

# 你为什么总是不喜欢自己

有很多人总是不喜欢自己，总是觉得自己不够好，总是觉得自己是这个世界的弃儿，觉得自己事事不如意。这种情绪几乎是最可怕的，因为人最害怕的就是对自己失去任何信心，就是一点儿都不喜欢，我们不倡导自恋，但是自恋的人却是可以自救的人。

有一位年轻人在给心理医生写的信中这样说：一年之计在于春，可是对于我而言，一切万象更新的季节，却没有对我产生什么好的影响，我对人生的希望都化为泡影了。

我之所以沦落到今天的地步，我知道这并不能怪别人。回顾我过去的人生，我一直在与自己作对，不让自己好好地过日子。让我给大家讲几个例子吧。

8年前，我经过千辛万苦才考进了自己理想的大学，走进大学以后我发现再不是那个优秀的自己了，我开始失落。这种情绪导致了我的自暴自弃。我没有好好利用上大学这个机会，我整天游手好闲，不去上课，考试的时候也不参加，后果可想而知，我被学校开除了，没有拿到毕业证，几乎等于白白浪费了那几年。

在离开学校以后，我找到了一份工作，在一家汽车公司做推销员。第一年我非常勤奋努力地工作，营业额是全公司的冠军，总经理对我也很赏识。可是不知道为什么，我总觉得自己不够优秀，总是心灰意冷，不自觉地就产生这种情绪，我老觉得别人在后边议论我，我渐渐地失去了工作兴趣，还经常和同事吵架，最后不得不离开公司。

在工作方面，我差不多没几个月就换一个工作，甚至有时候几天就换一个，我总是自暴自弃，老觉得自己很差，无法正常地工作。

在爱情方面我更是不顺利，明明和女友已经很相爱了，可是我就是会不自觉地感觉厌烦，情绪总是不稳定，总觉得配不上自己的女朋友，最终她们总是受不了，离开了我。

从这个例子中，我们可以看到这个年轻人其实是一个消极的、自毁倾向很严重的人，导致自己总是存在着自卑的情绪，并且总是陷于这种情绪而无法自拔。父母为他提供良好的教育机会，他却不能抓住机会；老板赏识他，他却不能继续好好地工作；女朋友非常爱他，他却在关键的时候退缩了。

有自毁倾向的人就是那种总是不喜欢自己甚至讨厌自己的人。这种人在潜意识中不允许、不相信自己有成功的人生，只要自己成功了就会产生怀疑，甚至会有很强烈的幻灭感。因而他总是与自己作对，严厉地贬低自己、伤害自己，也因此对身边的人带来了非常不好的影响。

有自毁倾向的人总是非常自责，善于批评自己却从不善于鼓励自己，总是对自己非常失望，并且有时候还把自己当做敌人一样看待。

自我厌恶会产生很多不好的后果，如果我们厌恶自己，那么我们在生活中就总是习惯性地责怪自己，总是觉得自己不好，遇到事情总是喜欢承担不好的后果，看不到自己的优点，以致出现了问题就觉得是自己的原因。

小雪是一个十分自责的人，她的妈妈总是责备她给自己的生活带来了痛苦。久而久之，小雪就接受了这样的观点，认为自己是多余的。每当亲密的人遇到困难的时候，她就开始责备自己，就算她帮朋友带孩子摔了一跤，她也会怨自己太疏忽了，总是觉得那是自己的错。

丈夫有了外遇，小雪也会因此而自责，她觉得：如果我对他再关心一些，他就不会有外遇；如果我的吸引力大一点，他也不会喜欢上别人；如果我是一个有趣的人，他也不会这个样子。她总是把所有的问题毫无条件地往自己身上拉。正因为这样，即使知道丈夫已经背叛了自己，她也不敢说什么，总是觉得这是自己的错，为什么去怪别人？甚至放纵了自己的丈夫，她的丈夫以为她已经不爱自己了，所以什么也不在乎，从而就更加放纵和不在乎，甚至不再隐瞒什么，最后的结果就是，丈夫要求离去，而这时候，小雪只能哭着说是自己不好、是自己不够优秀。

小雪的自责是彻头彻尾的，像小雪这样的人，当不幸的事情发生的时候，他们总认为这是自己的错，而不会去找一些必然的原因，这种情绪被称为"过分自我归因"，也就是本来自己没有过错，或者仅是一点点过错，他们总有将全部责任归于自己的冲动。

当不幸的事情发生时，有自毁倾向的人总是感到自己所受到的惩罚和苦难是应该的，是自己的问题，和别人没有任何关系。

具有自毁性格的人尽管不会对自己作出积极的评价，而且甘愿受到惩罚，实际上，他们是非常追求完美的人。他们很多时候无法原谅自己犯错误，所以潜意识里让自己承受不好的后果，然后以此来提示自己，以后不再犯错误，但是越是如此，越是发现自己总是犯错误，总是没办法做到最好。自毁和自卑的情绪非常相似，自卑的人心理防线非常脆弱，一旦遭遇挫折就会胡乱联系、诋毁自己，把自己看得一无是处。一方面他们追求完美，对自己要求很高，另一方面他们对自己又严重的信心不足，对自己总是失望。后来这种失望变成了对自己的潜意识的攻击或者厌恶。

那么，我们怎么才能摆脱这种或轻或重的自卑或者自毁情绪呢？那就是反其道而行之，爱上自己。人生在世，谁都不是完美的，生活也不总是尽如人意的。一生中，我们总会遇到这样或那样的挫折。我们不能改变环境，但我们可以改变自己。而这就需要我们发现自己的长处。

金无足赤，人无完人。我们每个人都不可避免地存在着缺点，但我们可以扬长补短，发现自己的长处并将其最大利用来帮助我们实现人生价值。

**心灵秘籍**

每一个人都不是十全十美的，也没有一个人就真的一无是处。每个人来到这个世界上都有自己的长处、都有自己的优点。至少我们是独一无二的、我们是不可取代的，那我们又何必总是觉得自己就是最差的那一个？爱上自己才能爱上生活，爱上自己才能让自己越来越美丽，只有有自信的人才能活出精彩的人生，只有爱自己的人才配有完美的人生。

# 你在害怕什么

你是否害怕作出决定？是否不敢要求老板加薪？是否担心自己的人际关系很糟？是否不敢面对自己的未来……

我们很多时候都是生活在恐惧之中而不能自拔，我们不敢开始，我们不敢结束；我们不敢变革，我们不敢"努力开展工作"；我们不敢成功，我们不敢失败；我们不敢直面充满挑战的生活，我们不敢直面死亡。

恐惧成为我们最大的敌人。有时候我们会莫名地害怕，拒绝与人交往，在人群中也会觉得不安全，过桥或走过广场时就会惊慌不已、害怕尖锐的东西、最简单的事情也做不了选择、担心和异性相处、努力相爱却伤害更深。

恐惧是一种很普遍的情绪，整个人类都在承受着恐惧的威胁，从古至今，从没有摆脱过。很多时候我们需要找很多东西来克服恐惧。古代人的恐惧来源于对外在世界的不理解，而现代人的恐惧多来自我们的内心而非自然环境和外部世界。这种恐惧很难消除，但是这种恐惧的消除又是非常简单，因为是我们自己可以把握的。

然而，我们可以让自己学会应对恐惧，所谓的应对恐惧不是视而不见。很多人不愿意承认自己的恐惧，不愿意说出自己内心的恐惧，很多时候承认自己内心的恐惧，就是承认自己无能，就是承认自己的怯懦。所以我们想尽各种办法来欺骗自己、欺骗别人，来隐藏自己的恐惧，然而恐惧会在内心中变得越来越强大。如果我们能在自己恐惧的时候认真地找出内心恐惧的根源，那么我们反而会坦然得多，问题也会很快地解决。

王女士一直以来都觉得自己得了癌症，但她却不敢说，因为怕家里人嫌弃她，同时她也不敢去医院做检查，她害怕自己真的得了癌症。因为她的母亲就是得癌症去世的，想起母亲生前痛苦的样子，她就睡不着觉。只要身体哪儿有点儿不舒服，她就觉得是得了癌症，惶惶不可终日，最后在好朋友的鼓励下，她走进了医院，医生帮她做了全面的检查，结果显示她并没有什么问题，然而她却不相信这家医院，又到其他医院进行检查，可想而知，结果是一样的，当拿到好几个医院的无病证明时，她才放下了心，可是过了一段时间，她又开始怀疑自己得了癌症，总是这样反复交替着，最后她的家人发现了，把她带进了精神科，心理医生帮她找到了内心恐惧的根源，并对她进行了及时的治疗，才使得她不再无谓地恐惧了。

有时候，内心的恐惧会严重影响我们的生活，然而我们却不想说出来，甚至刻意地隐瞒，结果会让我们更加恐惧。可是我们知道很多恐惧并不是来自外界而是来自我们的内心，并非有真的外界的东西在威胁着你。

有一个女孩，晚上不敢走夜路，心中害怕就不敢走，也不知道为什么。有一次，下公车时晚了些，没能下去，而爷爷下去了。她心里恐慌，因为公车向父母说的那条很混乱的小巷驶去，而且又是夜晚，没有陪她的人，女孩心中忐忑不安，大喊着要下车。但司机蛮不讲理不允许她下去，更不愿意停下开车门，乘客中有不少说情的，但仍旧无济于事。好在，车在女孩熟悉的地方停下了，终于到站了。女孩狂奔到了家，却发现走夜路没有那么可怕，从此以后，她便坦然对待夜路了。

有一个少女 11 岁了，还与妈妈一起睡，原因是怕鬼。父母曾将她强制于小房中，让她一个人睡，但她花了一整夜时间读书，父母第二天打开门时只见她躺在书桌上睡得正香。父亲大怒，不许她关门，但将自己卧室房的门锁了。她半夜醒来，既不能看书，又不能回卧室睡，心中无奈，晚上睡得倒香，一夜下来才知道只有心中有鬼。从此，一个人睡也不成问题了……

这两个故事告诉我们，很多时候我们是在自己吓自己。一个满怀畏惧之心生活的人不是一个真正的人，他只不过是一个傀儡、一具行尸走肉，是人类的悲哀。

人们的恐惧心到底是怎么产生的？因为对生命的不了解，所以人们恐惧生、老、病、死。人们恐惧生，因为新的生命是一种负担也是一种责任。但只要新的生命是你的至爱，你就会终其一生精心呵护。一生都为新生命担心，所以就一生都恐惧。人们恐惧老，因为老了就不再精力充沛，代表着人体机能下降，离死不远。人的恐惧归根结底是因为我们意识到了自己的缺陷，意识到了自己无法做到的很多事情，因为我们做不到所以我们恐惧，很多时候这种恐惧无法消除的时候我们只能通过其他方式去掩盖或者去获得其他心理安慰。比如我们长相不好，那么我们拼命成为成功的企业家；比如一些人知道寿命不长，所以他们今朝有酒今朝醉等，这些都是内心有恐惧的表现，都是掩饰的表现。

我们永远无法拒绝恐惧，但是我们要学会应对恐惧，我们要试着培养抗衡的力量：勇气、信任、知识、权力、希望、屈从、信仰以及爱。这些可以帮助我们接纳恐惧，分析研究恐惧，以百折不挠的精神与恐惧奋战。

因此，让我们放弃那些不必要的恐惧吧，就像放弃那些让你遭罪的错误想法一样。如果用勇气、希望和信心去充实你的心灵，你就能更快地看到胜利的曙光，获得你想要的幸福。不要等到畏惧已经成了家常便饭，你才后悔莫及并采取行动。让那些恐惧在我们的勇气、自信面前无地自容。让我们做一个勇敢的人，在最困难来临的时候依然淡然如初，当命运不公的时候依然不忘记奋斗，在生命垂危的时候依然不忘记微笑。

恐惧的情绪会伴随我们一生，我们永远会生活在大大小小的恐惧中。我们无法抗拒恐惧的来临，可是我们可以减轻恐惧情绪的影响；我们无法拒绝恐惧，但是我们可以拒绝受到恐惧的控制。一个总是生活在恐惧中的人永远无法享受生活，永远无法正确地认识生活，更难以做一个幸福、快乐的人。那么，让我们在生活之中做一个勇敢、自信、坚强的人，直面我们人生的恐惧，不遮掩、不回避、不放弃、不退缩！

# 你的生活到底哪里不如意

生活是一个快乐和痛苦的结合体，聪明的人总是能感受到生活的光芒，而愚蠢的人总是只看到生活的阴暗面。很多时候你的生活是否如意，取决于你自己。

生活中有许多人在抱怨，他们对很多事情都不满意。在工作中，对同事不满、对上司不满；在家庭中，对家人不满；在社交中，对朋友、对同学不满。有时甚至对陌生人也不满，他们认为生活中没有任何事情是如意的，他们认为自己是世界上最不幸的人。

有个穷困潦倒的销售员，每天都在抱怨自己"怀才不遇"、抱怨命运捉弄自己。

圣诞节前夕，家家户户热闹非凡，充满了节日的气氛、唯独他冷冷清清，独自一人坐在公园的长椅上回顾往事。去年的今天，他也是一个人，是靠酒精度过了圣诞节，没有新衣、没有新鞋，更别提新车、新房子了。

"唉！今年我又要穿着这双旧鞋子过圣诞了！"说着，他准备脱掉旧鞋子。这时，销售员突然看到一个年轻人滑着轮椅自面前经过，他顿悟："我有鞋子穿是多么幸福。他连穿鞋子的机会都没有啊！"此后，推销员无论做什么都不再抱怨，他珍惜机会，发奋图强，力争上游。数年以后，推销员终于改变了自己的生活，他成了一名百万富翁。

很多人天生就有残缺，但他们从未对生活丧失信心，从不怨天尤人，他们自强自立、不屈不挠，最终战胜了命运。反观我们，生来五官端正、手脚齐全，但仍在抱怨生活、抱怨人生，相比之下，难道我们不感到羞愧吗？丢开抱怨，用行动去争取幸福，你要明白：纵然是一双旧鞋子穿在脚上仍是温暖、舒适的，因为这世界上还有人连穿鞋的机会都没有。

许多时候，我们其实是在白白浪费精力，把时间浪费在不必要的抱怨上。

许多人对生活感到不满意，其实这种心情也可以理解。生活中，确实有许多不尽如人意之处。无论是在工作上还是在生活中，每个人都会遇到难题，每个人或许都有被上司骂的经历。有时候明明你已经尽力了，可是仍然有一些事情没有处理好。在待人接物上，更是会遇到很多始料未及的事情，令你手忙脚乱，甚至会因此与别人闹别扭，失去一些亲朋好友。生活就像是大海，永远充满着狂风与海浪，你永远不知道什么时候就会被一个海浪打倒，使你吃尽苦头，付出莫大的代价。

然而，就像阴天总是短暂的，晴空却是永恒的，生活中虽然有许多不如意之处，可是毕竟美好的事情居多，大部分人的生活其实是充满着乐趣的。人们之所以对于自己的生活不满，往往是因为他们不懂得欣赏生活。他们戴着有色眼镜，总是看到生活的阴暗面，看不到生活中阳光的一面，因此即使是处于幸福之中也浑然不觉。

许多人领着很好的薪水，却仍然觉得自己是最辛苦、最可怜的人，是因为他们看到朋友的薪水更高、工作更少；许多人衣食无忧却仍然感觉不满足，是因为他们看到周围的人比他们更幸福。这些人的眼光只看到比他们生活条件好的人，一心向上攀比，所以觉得自己生活得很不顺心，觉得自己的生活并不让自己满意，其实，这些都是贪心所致，因此，他们心中永远不会满足，所以导致他们在生活中处处抱怨不已。

"当你没有鞋子穿的时候，请不要忘记别人没有脚。"生活中需要一些阿Q精神。当你为了工作不如意而伤心时，请不要忘记还有许多人无家无业、流落街头；当你还在为被克扣奖金而沮丧时，请不要忘记有许多人的月工资连养家糊口都不够；当你还在为自己的房子小而生气时，请不要忘记更多的人因为没有钱买房子而不得不租房；当你和家人闹别扭时，请不要忘记还有许多人因为这样或那样的原因而不能够和家人团聚、共享天伦；当你……总之，当你感到不满意的时候，你应该想到，在这个世界上，还有许多人正在过着远不如你的生活，还有许多人在面临真正的苦难。

停止对生活的不满，你才会真正感到快乐；停止对生活的不满，你才会真正感觉到生命的价值；停止对生活的不满，你才会在满天乌云的时候仍然憧憬着五彩霞光。

那么，要怎样才能停止对生活的不满呢？

生活本身并不会因为你对它的抱怨就变得好一些，也不会因为你对它的赞美就变得糟一些，生活就在那里，可能你很难在实质上对它做任何的改变。那么，我们不如改变自己。

要消除对生活的不满，你就要试着使自己心胸开阔起来，不要为一些无谓的事情而烦恼。生活中还有很多事情需要做，我们实在没有时间耗费在这些无谓的小事上，所以，不要让一件烦恼的小事占用你很长时间，要有将它放下的胸襟。

宋代大词人苏东坡，一生坎坷不平，屡遭贬谪，最后甚至被贬到当初被认为是蛮荒之地的海南。然而苏东坡是一个有大胸襟的人，被贬谪到苏州，就兴致勃勃建造苏堤；被贬谪到岭南，就能说出"日啖荔枝三百颗，不辞长做岭南人"的话来。他好像永远也不会消沉，他的眼光总是超越现实，超越眼前的苦难而到达更高更远的地方。这种气度为他赢得千古佳名，直到现在我们仍然敬仰他那"一蓑烟雨任平生"的豪放气度。

要消除对生活的不满，还要换一种角度思考问题。道家创始人老子曾经说过："福兮祸之所依；祸兮，福之所伏。"人生中有很多事情是相互转化的，只看你用什么样的眼光看待。能够换一种眼光看待问题，那么坏事也许真的能变成好事。

塞翁失马的故事我们都不陌生。当家里多出一匹马时，塞翁并不觉得是好事，当自己的儿子从马上摔下来成为瘸子之后，他又并不觉得是件坏事，因为他深谙世事变幻的道理，一切事情都会向它的相反面转换，你又怎能确定一件坏事就只能是件坏事呢？

要消除对生活的不满，还要懂得满足。人类正是因为有许多欲望、许多非分之想，所以才令自己在现实生活中过得痛苦不堪，其实，如果你懂得满足，那么你会发现生活中有很多乐趣、很多迷人之处。

当你听着父母唠叨时，如果你想到或许在许多年以后，你永远没有机会再聆听他们的教导，那么或许你会把那些唠叨当成最美丽的音乐；当你工作得很累的时候，如果你想到这样工作至少表明自己还有自食其力的能力、自己是一个有用的人，那么你或许会感谢工作给你带来的成就感；甚至当你挤不到公车，只好徒步行走时，如果你想到这样会使你悠然观察马路上的行人，那么你或许把这次徒步当成一次最美丽的旅行。

生活是喜忧参半的，然而你的心情却可以永远晴朗。

永远不要对生活抱怨。生活即使不如你想象的那么如意，但那毕竟是你自己的生活。每个人都有责任使自己的生活充满希望、充满乐趣。这些乐趣不要从生活本身去寻找，而要从你自己的内心去寻找。如果你是一个"有心人"，那么你一定能够找到生活的乐趣所在。

# 你为什么在焦虑

现代人的生活处处存在着焦虑。走在大街上，看到的是一张张焦虑的面孔，没有生机、没有活力，有的只是疲惫和倦怠。

现代人的生活和古人相比，条件已经好很多。交通工具提速，使你再也不用为出行而发愁；通讯工具发达，人们也不用苦着脸吟唱"劝君更尽一杯酒，西出阳关无故人"；电脑等科技产品更新换代，更是让现代人的生活便捷不少。这一切都应该已经可以使现代人笑逐颜开了。

然而事实并不是这样。现代人在便捷的生活中，失去了从容与自信，变得焦虑不安。曾几何时，我们发现自己再也没闲心吟唱"采菊东篱下，悠然见南山"；又是什么时候，我们换下了墙上贴的"淡泊明志，宁静致远"的条幅，代替的却是"奋斗"、"竞争"之类的字眼。我们的生活虽然大大改进，但我们已经没有那份悠然的心境，已经被生活所俘虏，当了生活的奴隶。

在撒哈拉大沙漠中，有一种土灰色的沙鼠。每当旱季到来之时，这种沙鼠都要囤积大量的草根，以准备度过艰难的日子。因此，在整个旱季到来之前，沙鼠们都会忙得不可开交，在自家的洞口上进进出出，满嘴都是草根。从早晨一直到夜晚，辛苦的程度让人惊叹。

但有一个现象却很奇怪，当沙地上的草根足以使它们度过旱季时，沙鼠仍然要拼命地工作，一分不停地寻找草根，并一定要将草根咬断，运回自己的洞穴，这样它们似乎才能心安理得、才会踏实。否则便焦燥不安，叫个不停。

而实际情况是，沙鼠根本用不着这样劳累和过虑。经过研究证明，这一现象是由于一代又一代沙鼠的遗传基因所决定，是沙鼠出于一种本能的担心。老实说，担心使沙鼠干了大于实际需求几倍甚至几十倍的事。沙鼠的劳动常常是多余的、毫无意义的。

尽管在笼子里的沙鼠可以用"丰衣足食"来形容它们的生活，但它们还是一个个地很快就死去了。研究人员发现，这些沙鼠之所以死去是因为没有囤积到足够草根的缘故。

**这种沙鼠是不是很像现代人呢？** 在现实生活里，常让人们感觉到不放心的事情，往往并不是眼前的事情，而是那些遥远的、将来的事情，那些事情目前并没有到来，或许永远也不会到来。现在的人在当下并不缺吃少穿，甚至并没有什么大不了的事情可以威胁到现代人。但是人们的焦虑、不踏实等心绪仍然在不断滋长，日甚一日。人们总是为了自己遥远的将来而发愁，这种担心与忧虑使人感到深深不安。

我们都知道，心理与生理是紧密相连的，如果心理有了疾病，那么它必然会外化到生理上。如果一个人脾气不好，那么就会危害到他的肝脏；如果一个人容易激动，那么他很可能会罹患心脏疾病；疑心重的人胰脏不好；压力大的人容易血压低；特别爱干净的人皮肤容易不好……焦虑对我们的生命健康将会产生重大的影响，据科学家研究，时常具有焦虑情绪的人寿命会很短，而且相对而言，日常生活中的抵抗力非常低。所以焦虑会对我们的身心健康产生重大的影响。

那么，为什么现代人会这么焦虑呢？

现代人之所以焦虑，一个很大的原因就是快节奏的生活所带来的巨大压力。随着交通工具、通讯工具的改进，现代生活的节奏越来越快。许多人一天之内要打上百个电话、要与几十个客户洽谈业务、要和形形色色的人打交道。也许上午你正在北京召开会议，下午就得赶赴深圳处理公务；今天还在国内忙碌，明天就得为了工作飞往国外。而悲哀的是，这种生活速度短时间内不但不会减慢，反而会越来越快。一个人的精力毕竟有限，要在一天内记录上百件事情，必然会导致焦虑、不安与烦躁。

然而，生活的快节奏是外在原因，人们焦虑的最根本原因却在于人的自身。现代生活中，许多人为了将来而焦虑，为了莫须有的事情而不安。他们不肯放松自己的内心，而是任凭自己陷入巨大的压力之中。我们不会活在当下，却为了许多并不一定会出现的事情而担心。

毕淑敏的《提醒幸福》中有一段话可以作为我们这种心情的写照：

"在皓月当空的良宵，提醒会走出来对你说：注意风暴。于是我们忽略了皎洁的月光，急急忙忙做好风暴来临前的一切准备。当我们大睁着眼睛枕戈待旦之时，风暴却像迟归的羊群，不知在哪里徘徊。当我们实在忍受不了等待灾难的煎熬时，我们甚至会恶意地祈盼风暴早些到来。很多时候我们真的是在杞人忧天。晴天的时候你就在担心风暴来了怎么办，总是惴惴不安，难以很好地过好晴天。天下太平，你却在一直担忧万一战乱了怎么办，因为这些想法，你睡不好、吃不好，可是直到死的那一天，战争也没有来。很多时候我们只是在自己吓唬自己。

要摆脱焦虑的情绪，我们必须有一颗懂得放下的心，不要再为得不到的东西而烦恼，不要再为未知的未来而担心。我们的生命在于当下，就放下所有的因为未来而引起的担心，一心一意享受当下的生活。如果外面是皓月当空，就不要担心会有风暴来临；如果和一个朋友相聊甚欢，那么就不要焦虑不久之后的离别；如果遇到自己心仪的对象，那么就不要担心将来的分手。未来的事情自有其解决的办法，而我们的生命就在当下，为什么要让那些莫须有的事情影响了我们现在的心情呢？真的不值得。放弃对花儿凋零的焦虑，你才会欣赏到最美丽的花朵；放弃对于幻象消失的焦虑，你才会欣赏到最美的海市蜃楼；放弃对于离别的焦虑，你会获得跟朋友相处的最好时光；放弃对于分手的焦虑，你会收获最美丽的爱情；放弃生活中的焦虑，你会得到更多，更多……

心灵秘籍

如果你还处在未来的焦虑中，那么学着放弃吧。离开了焦虑，你会拥有更美好的一切。为什么要让焦虑蒙住了你的双眼？揭开焦虑的面纱，生活将对你展开最灿烂的笑容。

# 第二章

## 理性对待，积极转化
### ——乐观地对待自己的不良情绪

在人生的长河中，缺陷是难免的，挫折也是难免的，困难的时候，情绪很难达到良好状态。但是，我们可以乐观地对待自己的情绪，以理性而非自暴自弃的态度积极地进行调节，唯有如此，才能让心情有所转机。懂得生活的人总会从客观的角度来认识事物，从而寻求最佳的方式，让劣势转换成优势。你是个充满智慧的人吗？如果你是，或者你想成为这样的人，那么就要积极应对不良情绪，让美丽的彩虹在风雨过后更加美丽。

# 走自己的路

　　自己的路自己走，自己的生命自己去把握，要做什么，自己说了算。做一个有自我世界的人，做一个有主见的人。只有如此，我们才能更加独立，更加不受外物所左右，才能更加轻松地去生活，才能把生活安排得更加井井有条。走自己的路才能时刻把握自己的情绪，控制好自己的情绪，不要让别人任意摇摆。

　　走自己的路，是一种人生姿态。走自己的路、坚持自己，是一件很难的事情，并不是人人都能做到，很多时候我们承受着来自各方面的压力，我们不得不时刻地改变自己，甚至是出卖自己。适应生活是应该的，但是我们必须要有自己的底线，做人要有自己的风格，人云亦云的人永远找不到自我，也永远不会有成就感甚至是存在感。走自己的路是一种境界，是一种无论风吹雨打都坚守自我的执著；是一种穿过别人的质疑的眼神的巨大清醒；是一种能够自我鼓励的乐观向上的态度；是能够时刻进行自我反省的良好心理调节状态。因此，走自己的路是一种生活姿态，是一种具有对自己的人生有所要求的人生追求。陶渊明是一个走自己路的人，不惧孤独，躬耕南阳，踽踽独行在属于自己的心灵世界；诸葛亮是一个走自己路的人，韬光养晦，在三国混乱之中雷厉风行；李清照是一个走自己路的人，苦苦追寻，一生为爱付出一切。做一个有姿态的人，才能在任何时候都不失去自我，才能寻找到属于自己的人生。

　　走自己的路才能找到属于自己的幸福。人生是很短暂的，我们生活的所有目的就是寻找幸福,奋斗是为了获取幸福的生活,吃苦是为了获取幸福的生活,遭受挫折也是为了获取幸福的生活,但是最幸福的事情是,在这个世界上,我们是独一无二的,每个人都有属于自己的精彩和风格。走自己的路就是慢慢活出你自己。总是活在别人的计划里,我们永远不会幸福;总是活在别人的眼神里,我们永远不能快乐。很多时候,我们果断地去选择属于自己的生活,唯有如此,我们才能积极努力地去进取,才能更用心地去策划,因为,我们知道这样的生活是我们想要的,所以必须要为自己负责任。很多时候,走自己的路并不是多么平坦,不如屈尊跟着别人走,不如放下自己走别人给你安排的路,这样的路也许真的很平坦,但是走下来我们发现,这不是想要的。所以只有走自己想要的路,才能真正活过,真正活过的人才是幸福的人,这样的人生才能有意义。

走自己的路就是要有主见。很多时候,我们总是受别人左右,总是无法作出自己的决定,所以我们的路总是被别人左右着,任何时候我们应该静下心来,问问自己到底想要什么,有自己的想法,再去咨询别人的意见,这样才能有所长进,才能真正找到自己想要实现的目标。

有一对父子,到集市上买了一头毛驴。回来的路上,父亲心疼儿子脚力嫩,就让儿子骑上了驴。有人看见后说:这小子真不懂事,年纪轻轻的自己骑驴,让他爹步行。儿子听说后赶紧下来把父亲让上驴背,又有人看见后说:这个当爹的太不像话,自己骑驴让孩子步行。父子俩听后只好都在地上走,有人看到后讥笑:这爷俩傻蛋一对,让牲口闲着自己费力走。父亲听后一急,自己骑上驴又把儿子拉上去一块往回走。不料一个人鄙夷地喊,这父子俩太不是东西了,一点也不知道心疼自家的牲口,下辈子真该让你们投生成驴!弄得这爷儿俩无所适从,气恼至极,干脆把驴腿一捆,找根棍子抬着驴回家了……这下,再碰见的人都用惊诧的目光看,还个个撇着嘴说:这户人家肯定祖祖辈辈魂不全,要不然就是遗传性的神经病！

"大风刮倒梧桐树，自有他人论短长"。对任何事态都不乏评头论足者，且人云亦云，各说其理。正所谓"一人难称百人心"。看来，做什么事情都要有自己的主见，该怎么做就只管去做。自己的耳朵根子千万可别太软了，稍微一软，就不知道到底该迈哪条腿了。

走自己的路，无须受别人左右，总是摇摆不定是十分愚蠢的，就像这对父子，谁骑驴不重要，重要的是，无论谁骑驴，另一个人都会觉得很开心就好，何必在乎别人的说法呢？

走自己的路，要有自己的梦想。一个人若想成功，那么第一步就是要有自己的目标。那就是我们的梦想。梦想就像是一盏照亮我们人生的灯，无论天再黑，我们都能找到前行的路；梦想就是我们苦痛时的安慰，就是我们狂乱时的镇定剂。任何时候，只有有梦想的牵引，我们就能更好地实现自我，没有梦想的人的生活总是混乱的、漫无目的的，一个不知去向的人怎么能走好自己的路呢？一旦选定了人生的目标，就要坚定地走下去。

有两个西班牙人，一个叫布兰科，一个叫奥特加。

从小，布兰科的父亲就这样对儿子说："孩子，长大后你想干什么都行，如果你想当律师，我就让我的私人律师教你当一名好律师；你如果想当医生，我就让我的私人医生教你医术；如果你想当演员，我就将你送去最好的艺术学校学习；如果你想当商人，那么我就教你怎样做生意！"

奥特加的父亲则总是这样对儿子说："孩子，由于爸爸的能力有限，家境不好，给不了你太多的帮助，所以我除了能教你怎样摆地摊外，再也教不了你任何东西了。你除了跟我学摆地摊，其他的就是想也是白想啊！"

两个孩子都牢牢地记住了自己父亲的话。布兰科首先报考了律师，还没学几天,他就觉得律师的工作太单调,根本就不适合他的性格。他想,反正还有其他事情可以干,于是,他又转去学习医术。因为每天都要跟那些病人打交道,最需要的就是耐心,还没干多久,他又觉得医生这个职业似乎也不太适合他。于是,他想,当演员肯定最好玩,可是不久后,他才知道,当演员真的是太辛苦了。最后,他只得跟父亲学习经商,可是,这时,他父亲的公司因为遭遇金融危机而破产了。最终,布兰科一事无成。

奥特加并不喜欢自己的工作,可是他真的没有其他选择,徘徊了很久之后,他最终决定坚持下去。结果,几年后,他终于拥有了自己的专卖店。最后,奥特加以 250 亿美元个人资产位列《福布斯》2010 年世界富豪榜第 9 位。

很多时候,很多人的失败就是因为自己没有坚定的信念和理想,路总是有很多条,很多时候我们真的不知道到底哪一条最适合我们,但是生命并不允许你拿出很长时间来让选择或者更改。很多时候,我们要选择好一条路,然后就坚定地走下去,走到头才能看见成功。

**心灵秘籍**

只有走自己的路才能找寻自己人生的精彩,只有树立自己的目标才能坚定不移地走下去。路是自己的,所以你要一步一步地踏实走下去,不回头。好情绪其实很多时候是一种稳定的心理状态,走自己的路,时刻给自己鼓励,寻找属于自己的人生,你才能有成功感,才能保持积极向上的情绪。

# 学会适当地倾诉

　　果敢的人不见得他们不曾徘徊，聪慧的人不见得他们永远不犯错，优雅的人不见得他们始终不抱怨，坚强的人不见得他们永远不流泪。有时候我们要学会适当地倾诉，这绝对不是懦弱的表现，而是为自己的不良情绪寻找一个出口。

　　倾诉不代表我们软弱。生活中，每个人都会有情绪不佳的时候，我们无法保证自己任何时候都开心快乐，况且生活的本质就是在苦痛中不断寻找快乐的真谛、不断地在不如意中寻找生命的最佳风景。每个人都有生气的权利，每个人都允许有失败，每个人都可以跌倒了再爬起来，所以当我们不开心的时候，当我们情绪不佳的时候，我们不妨发泄一下，不妨找个好朋友倾诉一下。很多时候，很多人的一句不经意的话，就能让我们茅塞顿开，就能让我们一下子找到自己的问题所在，如此不开心的情绪就会转好，变得轻松开心。

　　有些人总是不善于倾诉，要面子、隐忍。很多时候，我们喜欢把自己的问题埋在心里，因为我们担心说出去会让别人笑话，而且总觉得别人不一定能够理解我们。其实不然，生活之中，其实有很多人都愿意去倾听，很多人都能读懂我们，只是我们没有给别人这样的机会。其实诉说是一种心灵的剖析，善于敞开心灵才能时刻检查我们到底有没有存留太多的郁积。

　　找一个自己信任的人，放下自己的自尊，放下自己的面子，告诉他你的困惑在哪里。生活太过于忙碌，很多情绪的产生就是在一刹那间，而且确实生活有时候没有给你发泄的机会和时间，日子久了，内心郁积得多了，就会令人产生抑郁的情绪，甚至会得抑郁症。所以我们必须关注自己的内心，在它苦痛的时候，我们要适当地解放它，不能总是视而不见。在快节奏和高压力的现代社会，能够站得住脚的人不是能抵抗任何困难的超人，而是能够学会不断强壮内心的哲人。排解内心的愤懑其实很有必要，每个人都会有或多或少的心结，每个人都会有些不能排解的苦痛。那么说出来吧，找个你相信的人，告诉他你的忧虑，告诉他你的软弱，也许很多问题就能一下子迎刃而解了。

学会适当地倾诉才能轻松地生活。生活就是一次旅行，我们走走停停，会在路上捡拾很多我们不需要的东西，生活的智者不是他的行囊有多么沉重，而是他的行囊能够越走越少，越走越轻松。我们要学会放弃，放弃那些不好的东西，放弃那些无法让我们前进的东西，只有舍得放弃、懂得放弃，我们才能再度拾起，我们才能看见生命中更美好的东西。倾诉就是一种放弃，我们不必总是自己承受，我们不必总是消解，借酒消愁也是一种洒脱，大声宣泄也是一种境界，我们何必太为难自己呢？况且朋友之间要的不只是好消息，大家就是这么相互鼓励、相互扶持。我们要适当地解放自己，将那些不开心的事情倒出来，只有这样才能更好地进行下一站的旅行，心情才能更加清亮。

小玲是一个高级白领，在别人眼里，她总是非常干练、做事情很果敢，是少有的女中豪杰。大家都特别崇拜她，弄不明白为什么总是能保持很好的情绪，而且在工作中善于迎接挑战，能够很快地接受新事物。每当别人问小玲："你怎么每天都能有这么好的状态？"小玲总是笑而不语，然后把手掌摊开说，把心打开就好了。其实小玲也不是没有烦恼，只是她学会了倾诉，每当有不开心的事情，她就会找个朋友适当地抱怨一下、适当地去表达自己的不愉快，这个时候，朋友的安慰会令她很放松，而且很多朋友都能帮她寻找解决问题的方法，可能很多时候并不一定就实用，但是能让小玲以更加乐观的心态去看问题，很多问题其实就是心态问题。

学会各种倾诉方式，可以找个朋友喝杯咖啡，可以找亲人聊聊天，可是很多时候我们或许真的不想让身边的人担心，我们不想把我们不好的情绪传染给别人，那么我们可以寻求其他方式。可以找一个网友，大家不太熟悉，会放松很多，推心置腹的聊天，但是要记住，网友就是网友，不要太奢求他走进你的现实生活。我们可以开一个微博，时刻地表达自己的情绪，你会发现会有很多不认识的网友帮你支招。你也可以选择找一个小玩具，在不开心的时候和它说话，让它静静地倾听。可以尝试很多方式，并不一定太拘泥于一种。

但是倾诉并不是抱怨，并不是任意的放纵，很多时候，发泄也是需要理性的，我们必须要学会积极面对自己的生活，坚决不能做一个祥林嫂，如果那样的话，那么我们就真的成了懦夫了。

今年刚满30岁的苏珊是美国一家化妆品公司的创办人。小时候，她和奶奶一起生活在乡下。奶奶开了一个小杂货店，为人慈祥又和气，邻居们都喜欢和她聊天。每当那些喜欢抱怨、爱发牢骚的邻居到商店买东西时，奶奶总是会把苏珊拉到身边，让她看自己和邻居说话。

有一次，邻居爱普生前来买香烟，奶奶问他："今天怎么样啊，爱普生老兄？"爱普生长叹一声说道："唉，今天不怎么样啊，哈德森大姐，你看，这天气这么热，气死人了。这种鬼天气，真要命啊！"奶奶一边给他拿香烟，一边附和着说："是啊，是啊！嗯，嗯……"一直抱怨了十多分钟，爱普生才离开了小店。

等爱普生发完了牢骚离开小店后，奶奶把苏珊拉到身前，问她："孩子，你听到这些喜欢抱怨的人说的话了吗？"苏珊点点头。奶奶接着说："孩子，在每个夜晚都会有一些人，不管是白人还是黑人，不管是富人还是穷人酣然入睡但是再也不会醒来。那些与世长辞的人,睡觉时不会感到暖和的被窝已变成冰冷的灵柩,身上的羊毛毯已变成裹尸布,他们再也不能为天气热或驴子不听话而唠叨一分钟。孩子,你要记住:不要抱怨,因为抱怨不能解决任何问题。如果你对现状不满意,那你就设法去改变它。如果改变不了,那就改变你的心态去面对这些问题,但你一定不要去抱怨什么。"

长大后,苏珊牢记着奶奶的话,无论遭遇多大的挫折,她也从未抱怨过,最终靠自己的勤奋和智慧打拼出了一片天地,成了业界有名的女强人。

生活中的问题不是抱怨就能解决的,我们要学会倾诉,但是并不是无休止地抱怨,只会抱怨的人永远得不到成功。

心灵秘籍

每个人都有倾诉的机会,学会智慧地倾诉,良好的情绪就会不请自来。只有保持良好的倾诉才能帮助我们顺利地渡过生活中的不如意。学会适当地倾诉,学会放下包袱轻松前进。

# 在痛苦中看见希望

生活中总是有很多不如意的事情,痛苦在所难免,这个时候我们要沉着应对,不能轻易地被痛苦打倒。懦弱的人在痛苦中消灭自我,智慧的人在痛苦中寻找希望,在困难中寻找生命的真谛。

生活是一盒巧克力,在没有打开之前,我们都不知道它的味道,也许是苦的，也许是酸的，也许是涩的，但是无论是哪一种味道，都是生活最真实的存在。我们不能总是奢求生活是快乐的，生活的美好也许就在于它的多姿多彩。所以我们要在痛苦中寻找希望，不轻言放弃、不任意抱怨、不妄自菲薄，时刻给自己快乐的机会。

很多时候，痛苦来源于不自信，来源于我们不能挑战自己。

美国布鲁金斯学会多年来以培养世界上最杰出的推销员著称于世。该学会的一个传统就是每期学员毕业时，会给他们出一道最能体现推销员实战能力的实习题。

在布什当政时期，学会的实习题是：请把一把斧子推销给布什总统。

由于过去很多年，无数前辈都无功而返，许多学员都放弃了角逐金靴奖的机会。他们抱怨说，这个任务非常难，因为现任总统根本不需要斧头，即使需要也用不着亲自购买。

直到 2001 年，一位名叫乔治·赫伯特的推销员的出现，才再次打破了这一推销极限。然而，用乔治·赫伯特自己的话说，他没花多少工夫。他说："我认为把一把斧子推销给布什总统是完全有可能的，因为总统在得克萨斯州有一个农场，里面有许多树。于是我给他写了一封信，信中说：'总统先生，有一次我有幸参观了您的农场，发现里面长着许多大树，有些已经枯死了。我想您一定需要一把斧子。眼下我这里正好有一把非常适合砍伐枯树的斧子，如果您有兴趣的话，请按这封信上的地址给予回复。'后来，他就给我汇来了买斧子的钱。"

曾经有记者这样问过布鲁金斯学会的负责人：26 年的时间里，学会培养了数以万计的推销员，也造就了数以百计的百万富翁。难道说他们的能力真的不如乔治·赫伯特吗？为什么不把金靴奖发给他们？换言之，布鲁金斯学会不公平。对此，该负责人回答道："这只金靴之所以没有授予其他的学员，是因为我们一直想寻找这么一个人，这个人不因有人说某一目标不能实现就放弃，不因某件事情难以办到而失去自信。"

生活中很多事情就是如此，当接到任务的时候，我们觉得这是不可能完成的，可是世界上的事情，只要我们肯做没有不可能做到的，更多时候，成功就是来自我们的自信，所以去除那些懦弱的情绪能让我们继续向前。

生活有时候需要我们不断地承受苦难，聪明的人能够在苦难中不断寻找出口，不断找到自己的不足，然后继续前进。很多时候痛就是一剂良药，告诉我们不足处在哪里，所以正确运用苦痛的人才是善于改正缺点的人，上帝不会轻易放弃一个人，只有爱你才会让你觉得痛苦，因为只有在痛苦中我们才能最快成长。

春秋末期，吴国（今江苏南部）和越国（今浙江北部）彼此接壤，互相仇怨，经常打仗。公元前494年，吴王夫差大败越兵，越王勾践只剩下5000多名士兵，被围困在会稽山。

为了报仇复国，勾践奋发图强，采取了富国强兵的种种措施，鼓励百姓生养儿女，减轻赋税劳役，制定一系列有利国计民生的政策，对那些孤儿寡妇、生病及穷苦的人，由官府代养他们的儿女，对那些有名望、有特长的人，国家在物质上给予优厚的待遇，鼓励他们为国出力。勾践也亲自参加耕种，不是亲自种出来的粮食，勾践就不吃，不是他夫人织出来的布，勾践就不穿。10年之内，不向老百姓收税。因而，他受到全国百姓的爱戴，老百姓纷纷请求和吴国作战，复国雪耻。勾践一看时机已经成熟，就说："我不需要那种单枪匹马的勇气，我要的是万众一心、同进同退。奋勇向前时想到国家的赏赐，畏缩后退时想到军令的刑罚；如果前进的时候不出力、不听指挥，败退了却不知羞耻，这样就会受到应有的刑罚。"老百姓斗志昂扬，互相勉励，都说：

"看看谁是我们的国君，能不为他去拼死杀敌吗？"于是，勾践指挥决心为国报仇的人民袭击了吴国，攻入吴都姑苏（现苏州市），他的"水师"又从海道进入淮河，断绝了吴军的归路，于公元前473年灭了吴国。

如果没有公元前494年的那次失败，也许勾践永远不会知道自己的弱势在哪里，永远不能发愤图强，自己的国家也许会承受更多的苦痛。正是勾践能够在痛苦的时候还能不放弃自己才能再找回当年的威风。我们在生活中也应该如此，遇到困难的时候要有从困难中爬起来的勇气，要及时排除苦痛的情绪，迅速调整，去寻找解决问题的方式，以更加饱满的良好情绪投入到完善自我的努力中，唯有如此，我们才能成为生活的强者。

失败不会是永远，失败不总是追着你不放，很多时候失败是为我们下一步成功做好铺垫，是为了给我们更多的建议和意见。我们要拥抱失败，才能迎接成功。

其实，有时候短暂的失败也是自然规律起作用的结果。一旦认为失败是自然规律的一部分，就没有真正的失败，只有暂时停止成功。所以说：没有失败，只有暂时停止成功。

其实在职场中，我们也会遇到很多麻烦，很多时候我们不得不承认自己确实失败了，可是我们必须有这样的信念，暂时的失败只是成功想歇歇脚，并不代表我们就永远失败了。始终保持良好的情绪才能更好地应对失败，应对生活中的不愉快。

### 心灵秘籍

化茧成蝶是一种巨大的痛，飞蛾扑火也是巨大的痛，这无疑却是生活中别样的风景。生活的苦痛其实也充满了美丽，我们要时刻试着寻找生活的美丽，才能更好地适应生活、赢得生活。

# 让乐观成为座上宾

乐观是一种向上的生活态度,是面对生活的一种积极向上的心态。乐观的人才能在困境中看见花开,才能在泥泞中找到出路,才能在人生的每一个阶段都能轻松跳跃。乐观并不是回避困难,而是能在困难来临的时候积极地去迎接、轻松地去解决。唯有保持乐观的情绪才能寻得生活的美好。

罗兰说:一个人如能让自己经常维持像孩子一般纯洁的心灵,用乐观的心情做事,用善良的心肠待人,光明坦白,他的人生一定比别人快乐得多。其实乐观就是能不被生活的灰尘蒙蔽,始终能保持一颗平净的心,如此面对任何事情,我们都能以全新的眼光去看待,始终对生活存有热情。

有一个漂亮的小女孩叫玲玲,由于家中的一场大火被烧成了重伤,送到了医院。她的脸被烧得面目全非,看着自己不再美丽的脸,玲玲疼痛不已,她从此一蹶不振,每天把自己埋在被子里,不愿见任何人。玲玲的医生对她说:"你不妨向窗外看看,可能会有人给你一个微笑呢!"玲玲半信半疑,把头伸到窗外,看到对面有一所中学。这个时候,正是放学的时间,有许多学生涌了出来。玲玲顿时看见了一位中学生。那位中学生看见了玲玲,突然愣了一下,然后就冲她一笑。以后,凡是路过窗前的人都会对她笑一下。后来,她又恢复了信心,乐观地面对生活,努力地配合医生的整容手术,重新找回了原来的自己。康复后,她回到学校去上学,因为她的努力,学习成绩名列前茅,考上了一所很好的大学。玲玲乐观面对挫折的精神非常值得我们学习。

很多时候，我们喜欢自己封闭自己、不相信自己，遇到困难的时候，我们往往自己先在内心失败了，以悲观的眼光看待世界，然而事实并非如此，其实世界还是那个世界，改变的是我们的心境，所以始终保持乐观向上的情绪才能更好地去面对生活。

天上下着小雨时，我们正在街上，只要把雨伞打开就够了，犯不着去说："真见鬼，又下雨了！"因为这样说，对于雨滴、云和风都不起作用。倒不如说："多好的一场雨啊！"当然，这句话对雨滴同样不起作用，但是它对我们自己会有好处。我们会抖动一下身子，振奋一下，从而使全身发热。因为最微小的愉快动作也会产生这种效果。这样，你就不必担心自己会因为淋雨而感冒了。

一个医生在讲述人该如何乐观地生活时，讲了一个故事：

听说来了一个乐观者，于是，我去拜访他。

他乐呵呵地请我坐下，笑嘻嘻地听我提问。

"假如你一个朋友都没有，你会高兴吗？"我问。

"当然，我会高兴地想，幸亏我没有的是朋友，而不是我自己"。

"假如你正行走，突然掉进一个泥坑，出来后已成了一个脏兮兮的泥人，你还会快乐吗？"

"当然，我会高兴地想，幸亏掉进的是泥坑，而不是无底洞。"

"假如你被莫名其妙地打了一顿，你还会高兴吗？"

"当然，我会高兴地想，幸亏我只是被打了一顿，而没有被杀害。"

"假如你在拔牙时，医生拔错了而留下了患牙，你还会高兴吗？"

"当然，我会高兴地想，幸亏他拔错的只是一颗牙，而不是我的内脏。"

"假如你正在磕睡时，忽然来了一个人，在你面前用极难听的嗓门唱歌，你还会高兴吗？"

"当然，我会高兴地想，幸亏在这里嚎叫的是一个人，而不是一只狼。"

"假如你的妻子背叛了你，你还会高兴吗？"

"当然，我会高兴地想，幸亏她背叛的是我，而不是国家。"

"假如你马上要失去生命，你会高兴吗？"

"当然，我会高兴地想，我终于高高兴兴地走完了人生这条路，让我随着死神，高高兴兴地去参加另一个宴会了。"

"这么说，生活中没有什么可以令你痛苦的，生活永远是快乐组成的一连串乐符？"

"是的，只要你愿意，你就会在生活中发现和找到快乐。痛苦往往是不请自来，而快乐和幸福往往需要人们去发现、去寻找。"

其实乐观不是因为你拥有很多，不是因为你有多美丽，而是当你什么也没有的时候，照样能够寻找到生活的情趣所在。拥有乐观的情绪就是拥有了克服困难的勇气，就是拥有了一直向前的动力，就是有了面对生活的智慧。很多时候，我们总是很悲观地看待自己，总是觉得自己失去的多、得到的少，总是觉得自己不如别人。上天是公平的，上帝不会偏袒任何人，但是上天会奖励那些始终对生活不失信念的人、始终对生活存有乐观情绪的人。乐观的情绪能给你带来好的心情，能给你带来更多的机会，给你带来生活的阳光。

命运总是眷顾那些能够乐观对待生活的人。花谢满天飞也是一种美丽，残缺也是一种难得的景致，无论前方是风雨还是坎坷，只要你告诉自己可以做到，那么说不定你就真的能够做到。

无论如何，太阳总会出来，春天总会再来，生活的大门很多时候只是虚掩着，等待着我们去推开，然而面对失败就是因为门关着而退却了，但是也许真的只是生活在跟你开个小小的玩笑，假若，我们连这个玩笑都承受不起，又怎么能要求生活给予我们更多呢？

始终抱有乐观的情绪来对待生活，对待你的工作和学习，唯有如此，你才能更加进步。

心灵秘籍

情绪需要自己把握，乐观的情绪或者悲观的情绪都由我们自己说了算。也许我们改变不了世界，但是却能改变看世界的态度；也许我们决定不了天气，但是却能决定自己的心情。始终保持乐观的情绪，做一个开心快乐的人。

# 变消极为积极

生活喜欢戴着面具，需要我们自己去认真辨认；上帝不会故意去为难我们，很多时候看似困苦，实则在其背后隐藏着生活的甘泉。我们要学会在消极中寻找积极，把生活中的消极因素转变为积极因素。

叔本华说："事物的本身并不影响人，人们只受对事物看法的影响。"而人们对事物的看法并没有所谓的对错之分，却有消极和积极之分，相应地也就引发了两种不同的情绪：消极的情绪和积极的情绪。

A和B两人一起去探险，途经沙漠，酷热难当，一看水壶里还有半壶水，A心灰意冷："糟糕，只剩半壶水了，我们只好放弃了。回家吧。"B却喜出望外："太好了，居然还有半壶水，我们一定能成功。前进吧。"最后A没能走出沙漠，而B却轻松走出了沙漠。

甲、乙是同一家公司的销售人员，当不断遭受客户拒绝时，甲心中十分郁闷:"为什么客户要拒绝我?为什么受伤的总是我?为什么我做什么都这么倒霉?"而乙却毫不气馁:"太棒了,这样的事情竟然发生在我的身上,又给了我一次成长的机会。凡事的发生必有其因果,必有助于我!"甲最终被公司解聘,而乙却成为一名出色的推销员。

消极的情绪会暗示失败,让我们觉得生活没有希望,让我们对成功放弃信念。而乐观的情绪却能帮助我们在失败中寻找希望,寻找到前进的方向,所以积极的情绪能够带来积极的效果,所以我们要学会在生活中把消极的情绪转变为积极的情绪。我们不妨尝试下面几个方法。

微笑是一件再简单不过的事情,任何人都会做而且会做得很好。微笑会带来好的心情,微笑能让我们的生活变得更加美好,微笑能给我们的生活带来激情。很多人总是吝啬自己的微笑,很多人总是被生活的重压缠住,难以喘息,可是生活并没有剥夺我们微笑的权利、没有剥夺我们微笑的能力,既然如此,我们为什么不笑着来对待我们的生活?为什么不用微笑给我们周围的人带来快乐呢?

抬起头,正视生活,很多时候我们需要面对一切的勇气。成功的人总是能保持比较好的精神状态。如果你垂头叹气,那是向世界宣布:我是失败者;最重要的是,你的行为在告诉自己:我失败了。但是,从现在开始,抬起你的头,昂首挺胸、目光坚定,你就是在用行动宣告:我是成功者。而你的这个简单的动作,也在快速地改变你的情绪,让你更有信心。

学会积极地暗示自己。必须相信自己、爱上自己。你需要对自己说:我喜欢我自己。美国的统计心理学家经过一万多次的统计,发现在他们能想到的所有自我激励的语言中,有一句话具有神奇的力量,它能快速改善人们的信心与力量。它就是:我喜欢我自己。只有自己爱自己，才能更加热爱生活，才能让别人也来爱我们。

海伦·凯勒，美国女学者，生于亚拉巴马州的小镇塔斯康比亚，1岁半时突患急病，致其既盲又聋且哑。在如此难以想象的生命逆境中，她踏上了漫漫的人生旅途……

人们说海伦是带着好学和自信的气质来到人间的，尽管命运对幼小的海伦是如此的不公，但在她的启蒙教师安妮·莎利文的帮助下，顽强的海伦学会了写，学会了说。小海伦曾自信地声明："有朝一日，我要上大学读书，我要去哈佛大学！"这一天终于来了，哈佛大学拉德克利夫女子学院以特殊方式安排她入学考试。只见她用手在凸起的盲文上熟练地摸来摸去，然后用打字机回答问题。前后9个小时，各科全部通过，英文和德文得了优等成绩。4年后，海伦手捧羊皮纸证书，以优异的成绩从拉德克利夫女子学院毕业。海伦热爱生活，她一生致力于盲聋人的福利事业和教育事业，赢得了世界舆论的赞扬。她先后完成了《我生活的故事》等14部著作，产生了世界范围的影响，她那自尊自信的品德、她那不屈不挠的奋斗精神被誉为人类永恒的骄傲。

海伦始终对自己有信心，并没有因为自己身体的残缺而自暴自弃，而是能积极向前。如果没有强大的精神动力，她又怎么能成为我们的榜样！一位哲人说："你的心态就是你真正的主人。"一位伟人说："要么你去驾驭生命，要么是生命驾驭你。你的心态决定谁是坐骑、谁是骑师。"

有两位年届70岁的老太太，一位认为到了这个年纪可算是人生的尽头，于是便开始料理后事；另一位却认为一个人能做什么事不在于年龄的大小，而在于有什么样想法。于是，她在70岁高龄之际开始学习登山，其中几座还是世界上有名的山峰，就在最近还以95岁高龄登上了日本的富士山，打破攀登此山年龄最高的纪录。她就是著名的胡达·克鲁斯老太太。

你需要有积极向上的精神和态度，积极乐观地应对生活中的一切，你会发现生命也会为你打开一扇敞亮的大门。

你要始终存有积极向上的情绪，让生活中的消极情绪烟消云散，让生活处处闪耀着光芒。你要相信自己、相信生活、相信未来。

成功需要自信，需要积极向上的情绪。如果没有"长风破浪会有时，直挂云帆济沧海"、"天生我材必有用，千金散尽还复来"、"仰天大笑出门去，我辈岂是蓬蒿人"的自信，哪有一代"诗仙"李白？如果没有"会挽雕弓如满月，西北望，射天狼"的自信，哪有一代文豪苏轼？自信是一种能力，是一个人成功最重要的素质。

变消极情绪为积极情绪，我们的生命就会开出美丽的花儿来。积极的情绪是我们美好生活的灵丹妙药，是我们幸福快乐的秘诀。让积极的情绪点亮我们的生活，让积极的情绪推动命运的转动。

# 换一种角度看问题

换一个角度看问题，换一个姿势来生活，你也许会发现生活其实有着别样的美好，人生可以有另一种风景；打开另一扇窗户，你也许会发现美丽的花园。换一种角度看问题、始终保持良好情绪才是真正懂得生活的人。

在生活、学习和工作中，我们总会遇到各种各样的困惑、遇到各种各样的苦难。人生不如意之事十之八九。即使你一无所有，你依然很幸福，如果你去残疾人资助中心看看，那里的人会用很羡慕的眼光望着你，你会突然发现，原来有这么多人连身体都不完整，而且将一辈子难以改变。如果你今天失败了，也不必过于悲伤，很多事情就是来得越早越好，来得越晚，我们的承受能力就越小，所以很多时候我们应该庆幸，因为我们依然会有成功的机会。

换一种角度看问题，需要我们有宽容的心态，需要我们有接受一切变化的心理准备。

有个年轻人为一无所有所困，便向一位老者请教。老者问："你为什么失意呢？"

年轻人说："我总是一无所有。""你怎么能说自己一无所有呢？你还这么年轻。""年轻又不能当饭吃。"年轻人说。老者一笑："那么，给你一万元，让你瘫痪在床，你干吗？""不干。""把全世界的财富都给你，但你必须现在死去，你愿意吗？""我都死了，要全世界的财富干什么？"老者说："这就对了，你现在这么年轻，生命力旺盛，就等于拥有全世界最宝贵的财富，又怎能说自己一无所有呢？"

年轻人一听，又找回了对生活的信心。

霍金是一位杰出的科学大师，他的目光永远是那样深邃，笑容永远是那样宁静。世人推崇霍金，不仅仅因为他是智慧的英雄，而且因为他还是一位人生的斗士。

有一次，在学术报告结束之际，一位年轻的女记者捷足跃上讲坛，面对这位已在轮椅里生活了30余年的科学巨匠，深感景仰之余，又不无悲悯地问："霍金先生，卢伽雷病已将你永远固定在轮椅上，你不认为命运让你失去太多了吗？"

这个问题显然有些突兀和尖锐，报告厅内顿时鸦雀无声，一片肃静。

然而,霍金的脸庞却依然充满恬静的微笑,他用还能活动的手指艰难地叩击键盘,于是,随着合成器发出的标准伦敦音,宽大的投影屏上缓慢而醒目地显示出如下一段文字:

我的手指还能活动,

我的大脑还能思维。

我有终生追求的理想,

我爱和爱我的亲人和朋友。

对了,我还有一颗感恩的心……

心灵的震颤之后,掌声雷动。人们纷纷涌向台前,簇拥着这位非凡的科学家,向他表示由衷的敬意。

霍金是当今世界最重要的物理学家,没有人能相信霍金会有今天的成就,也许千万个如霍金的人早就选择另一条道路,也许早就开始自暴自弃,可是霍金却没有。很多时候我们不能老是盯着自己不好的方面去看,若是如此,我们始终无法进步。换一种角度看问题就是在拯救自己,就是在发现自己的长处,发现生活中的美好。

20 世纪最具影响力的英国思想家罗素,在 1924 年来到中国的四川。那个时候的中国军阀割据,民不聊生。当时正值夏天,天气非常闷热。罗素和陪同他的几个人坐着那种两人抬的竹轿子上峨眉山。山路陡峭险峻,几位轿夫累得大汗淋漓。此情此景,使罗素没有了心情观景,而是思考起几位轿夫的心情来。

他想,轿夫们一定痛恨他们几位坐轿的人,这么热的天,还要他们抬着上山。甚至他们或许正在思考,为什么自己是抬轿的人而不是坐轿的人。

到了山腰的一个小平台,罗素下了竹轿,认真地观察轿夫的表情。他看到轿夫们坐成一行,拿出烟斗,又说又笑,丝毫没有抱怨天气和坐轿人的意思。他们还饶有兴趣地给罗素讲自己家乡的笑话，很好奇地问罗素一些外国的事情，交谈中不时发出高兴的笑声。

这些轿夫承受着身体的劳累，承受着生命的苦痛，在我们看来是多么不幸的事情，可是他们却能把这些困难当做一种生活，他们没有抱怨、没有哀痛，而是积极寻找生活中的美好事情。很多时候，快乐无处不在，它不在于你有多么好的工作、你是多么的富有，而在于在艰难的生活中看到生活的希望。

换一种角度看问题就是能在困难、苦痛的时候看到生活的另一面。我们不能总是因为生活暂时让我们寸步难行就对生活失去了信心；我们不能因为玫瑰有刺就否定了玫瑰的美丽。

我们长得不美丽，可是不妨碍我们有美丽的心灵；我们可以没有金钱没有地位，可是并不会影响我们幸福的生活；我们没有高薪的工作，可是我们的压力也会小很多，我们将有更多的精力来认真经营生活。很多时候，我们需要换一种角度看问题，另一面依然是美丽的世界，我们何必总是沉浸在自己的固有模式里无法自拔呢？

 **心灵秘籍**

山的一边是大海，我们抱怨自己面前有一座大山，寸步难行，爬山的时候感觉非常辛苦甚至是充满了危险，可是山的另一边就是美丽的风景。上帝是公平的，给了你苦难也就会顺便赐予你幸福。换一种角度看问题，看到生活明亮的一面，始终保持良好的情绪，始终保持好的心情才能更好地生活和工作。在如今越来越重的生存压力下，保持良好的情绪是我们工作与学习的必胜法宝。

# 不要自寻烦恼

生活本来就已经苦难重重了，我们何必总是自寻烦恼？自寻烦恼的人总是难以保持良好的情绪，总是让生活变得一团糟，所以烦恼来的时候我们要学会解决，没有烦恼的时候我们万万不可自寻烦恼。

生活的烦恼很多时候都是来自于我们自身。人都会有烦恼，不同的人往往会有种种不同的烦恼。在我们的日常生活中，有许多烦恼是无法避免的，因为"天有不测风云，人有旦夕祸福"。有的人会在突然间遭受一种无法预料的变故，比如瞬息间可能发生车祸，于是，各种各样的烦恼就会接踵而至。这显然是一种不可预料的烦恼。然而，除此之外，往往还有一种莫名其妙的烦恼，我们将它称之为"自寻性"烦恼。这一类烦恼完全可以避免，但生活中却常会平白无故地发生。

美国第七任总统安德鲁·杰克逊，一向以睿智著称，但即便机敏如他，亦会有犯糊涂之时。

自妻子离世以后，杰克逊便一直忐忑不安。家族中已不止一人死于瘫痪性中风，厄运会不会降临到自己头上呢？一晃数年已过，杰克逊依然神清气爽，但他就是摆脱不了心中的阴影。

某日，杰克逊在朋友家遇到一位年轻的小姐，二人兴致勃勃地下起棋来。谁知一盘尚未下完，杰克逊便如虚脱一般瘫在座椅上，他的手无力地垂着，脸色异常苍白……

"您这是怎么了？"朋友见状慌忙跑来。

"它终究还是来找我了……"杰克逊自言自语，"我知道它一定会来的……"

"您究竟在说什么？"朋友不解地问他。

"是瘫痪性中风，我的右侧身体已经瘫痪，刚刚我试着在右腿上捏了几下，竟然毫无知觉。"

"可是总统先生，"年轻的小姐开口说道，"刚刚您捏得是我的腿啊！"

倘若人人都为未知的悲剧而惶恐、忧郁，那这个世界将不会再有快乐可言。即便厄运会在明天降临，我们也没有必要在今天为它"埋单"。

其实很多时候我们就像故事中的杰克逊那样，自己给自己制造假像、制造烦恼。在多数情况下，当你责难、怒吼的时候，你的听众或许只是一艘空船。很多时候，事情并不像你想象的那样糟糕，人生的很多烦恼都是自找的，许多被你当成无法排遣的烦恼而郁闷在心、甚至于整天愁眉不展的事，本来是根本不值得你放在心上的。

烦恼是无法解脱的，每个人都会有。当遇到烦恼的时候，我们需要做的是积极地去解决问题，而不是让问题更加严重；我们要做的是找到我们烦恼的根源，然后想尽办法去消除烦恼，而不是一味地抱怨或者妄自菲薄。更重要的一点是，我们不能自寻烦恼，自寻烦恼的人是最傻的，明明一切安好，我们何必去自己难为自己呢？为什么不好好享受我们的生活？为什么不能向前看？为什么不能把事情往好的方面想？

从前，在杞国有一个胆子很小而且有点儿神经质的人，他常会想到一些奇怪的问题而让人觉得莫名其妙。有一天，他吃过晚饭以后，拿了一把大蒲扇坐在门前乘凉，并且自言自语地说："假如有一天，天塌了下来，那该怎么办呢？我岂不是无路可逃而将活活地被压死，这不就太冤枉了吗？"

从此以后，他几乎每天为这个问题发愁、烦恼，朋友见他终日精神恍惚、脸色憔悴，都很替他担心，但是，当大家知道原因后，都跑来劝他说："老兄啊！你何必为这件事自寻烦恼呢？天空怎么会塌下来呢？再说即使真的塌下来，也不是你一个人忧虑发愁就可以解决的啊，想开点吧！"可是，无论大家怎么说，他都不相信，仍然时常为这个不必要的问题担忧。后来人们就根据上面这个故事，引伸成"杞人忧天"这句成语，它的主要意义是唤醒人们不要为一些不切实际的事情而忧愁。

假若在职场中，有很多人总是无故担心：万一明天自己失业了怎么办？万一明天公司要裁人怎么办？万一公司一下子倒闭了该如何？万一经济危机又来了可怎么好！因为这些问题而让自己每天都很焦虑，而且很多事情往往是怕什么就来什么，因为你的忧虑，耽误了很多工作，最终反而因为工作的失误真的就失业了。在职场中，面对巨大的压力，我们必须要避开很多烦恼，放手去工作、毫无压力地去工作，只有这样才能更好地提升自己，才能给自己和工作伙伴带来良好的情绪，有利于工作的开展。

其实做人要活得轻松，很多时候烦恼都来自于我们内心的焦虑，来自于我们对自己的要求太高、对别人要求太高。不要总是患得患失，上帝是公平的，该是你的就是你的，不是你的争取也没有用，我们要做的就是踏踏实实，把手头上的工作做好、把自己分内的工作做好，一步一步地去进取，只有这样，我们才能更好地生活，才能保持良好的情绪。

为自己打开一扇窗，为自己点亮一盏灯，让你的烦恼随风而去，让你的烦恼因光明而消失，我们要学会自己摆渡自己，不要自寻烦恼，才能找到快乐。良好的情绪是我们美好生活的必需，我们要做一个智者，游刃有余地面对生活、面对未来。

**心灵秘籍**

　　不要自寻烦恼，就是要求我们始终保持良好的情绪，始终保持着对生活的美好期待。当我们有烦恼的时候，要学会用微笑去面对，并非只有我们自己有烦恼，我们又何必总是闷闷不乐呢？但是解决烦恼绝对不是简单的逃避和隐藏烦恼。生活本来不是如此，我们又何必庸人自扰之？不妨放下包袱、放下烦恼忧愁，轻松上阵吧。

# 第三章

# 奋勇向前,永不认输
## ——对生活抱有坚定的信念

生活中难免会有许多挫折,生活中难免会有许多磨难。但是,即使遇到高山险阻,也要相信平原坦途就在前方;即使遇到狂风暴雨,也要相信灿烂的阳光终会照耀大地。阳光总在风雨后,如果你用一种良好的情绪对待生活中的苦乐,那么即使遇到再大的磨难,你也会永远屹立而不倒;如果你对生活没有失望,那么即使风吹浪打,也阻止不了你对生活微笑。一个能控制自己情绪的人是一个幸福的人,是一个永远不会被打倒、被击垮的人,是一个必将在人生之路上取得成功的人。

# 保持对生活的热情

　　人的生命是大自然赐予的最好的礼物。生活在世上，是一个人最值得庆幸的事情。生活中有许多乐趣，虽然并没有被每个人所发掘，然而却一直围绕在人的周围。

　　现代人对生活的热情像是灯油一样耗尽。许多人虽然一帆风顺，然而并不感到快乐；许多人明明诸事顺心，却会备感孤独寂寞。生活的压力、工作的压力、交往的压力……种种压力将现代人压得喘不过气来。现代社会里，人成了一种机器，一种只会赚钱、只会忙碌的机器。他们只知道要活着，却并没有热情。他们只是在机械地延续自己的生命，却不知道生活的乐趣。而最重要的是，他们无意去找寻生活的乐趣，他们已经没有了这颗热情的心。这是因为，他们并不知道怎样去调整自己的情绪，任不好的情绪控制自己。

　　如果你能够调整情绪，对生活保持热情，那么你就会发现一年四季各有各的美丽，你正生活在最美丽的地方、最美丽的时刻。

　　春天百花盛开，白的如雪，粉的似霞。这时如果你情绪饱满地信步走在湖边，你会发现原来蔷薇真是娇小可爱；你会发现牡丹果然富丽堂皇；你会发现桃花依旧笑对春风；你会发现海棠真如美人睡醒。

　　夏天凉风习习，骄阳似火。晚上如果于无人之处心情愉快地纳凉，你会发现原来银河真的犹如亮晶晶的白银，闪闪发光。那隔着河的牛郎织女或许真的正在天街闲游；你会发现原来仲夏之夜如此静谧，静谧得使你觉得仿佛走进了欧洲美丽的神话世界里；你会发现夏天的风是如此清凉，像是一个美丽的梦；你会发现荷塘与月色真的如此美丽，使你忘却一切烦恼，只想融入这溶溶月色。

秋天秋高气爽，丹桂飘香。这时如果你登高远望，你会发现原来真的是"万山红遍，层林尽染，漫江碧透，百舸争流"；你会发现原来登高就菊、怀古伤今是如此优雅；你会发现原来"霜叶红于二月花"并非虚言。

冬天万籁俱寂，略显清冷。如果你去踏雪，你或许会发现墙角的数枝梅花或许已经不畏严寒徐徐开放；你或许会发现，江边正有人披着蓑衣一心一意垂钓；或许你会发现冬天并不是你想象中的那么冷寂。

平凡的四季都那么的美丽，你还有什么理由不对生活抱有热情和爱呢？如果对生活抱有热情，那么你会发现，生活并不冷漠，反而是热情如火的。

对生活充满热情的人中外皆有，他们的生活并不一帆风顺，但是他们能够控制自己的情绪，不去让不好的事情影响自己，虽然生活并没有太多地眷顾他们，但他们仍然热情拥抱生活。

1927 年，高士其入芝加哥大学医学研究院攻读细菌学，次年，在实验时不慎，受甲型脑炎病毒感染，留下严重后遗症，后来病情不断加重，造成全身瘫痪。那一年，高士其 23 岁。

1962 年，霍金从英国牛津大学毕业到剑桥大学读研究生，次年体检时，被确诊患上了"肌萎缩性脊髓索硬化"这一无法治愈的疾病，后来，身体每况愈下，以致全身瘫痪。那一年，霍金才 21 岁。他们的科学研究，都是在身体致残以后，在常人难以想象的极为艰难的情况进行的。高士其致残后，他仍以超人的毅力坚持学完了细菌学博士研究生的全部课程。回国后，他的工作重心转到了科普创作上。他的手瘫痪后，笔握不住了，甚至连说话也困难，即使在这种情况下，他仍然坚持创作。他先打好腹稿，然后艰难地发出模糊的喉音"嗯嗯、喔喔"，一个字一个字地口述，由秘书、妻子和护士记录整理。有时为了弄清一个字，往往要反复哼二十几遍，记下一段话，要用半天时间……霍金致残并瘫痪后，再也无法用自己的声音表述他的思想，只能借助3个手指操纵按钮输入要说的话，再经由语言合成器发出声音，他的演讲，就是采用这样一种常人无法想象的困难方式进行的。平常，霍金看书必须依赖翻书页的机器，读文献时需要请人将每一页都摊在大桌子上，然后驱动轮椅如蚕吃桑叶般地逐页阅读；写作则是以平均一分钟输入10个单词的"慢"速度进行……最终，他们都取得了令人瞩目的成就。

如果不是对生活充满热情，如果不是对科学充满了热爱，两位科学家怎么会有那么大的毅力，一直研究不辍，最终对科学作出巨大贡献？调整自己的情绪，对生活保持热情，体现在行动中。

当你早上上班的时候，请拿出最饱满的情绪，让自己看起来自信而又美丽；当你见了同事，请拿出十二分的笑脸来对他们说"早上好"，同事之间或许有利益上的冲突，难免勾心斗角，但是不要忘记，正是他们将陪伴你一生的岁月。在你的人生最大的一部分岁月里，他们是一直在你身边的人。为什么不能敞开心扉接纳他们？

当你面对自己的爱人的时候，请多一点耐心和包容。不要对最亲的人熟视无睹。你的生活中，爱人是最重要的，不要因为每天的相处就对他（她）产生厌倦。他（她）是你生命的一部分，是你生活的一部分。对自己的爱人热情，那么你就不会对生活冷漠。生活不是虚妄，它是由具体的人、具体的事组成的。如果你能够认真对待爱人，那么你就是在认真对待生活。

当你走在大街上、坐在公车上，请对每一个陌生的脸微笑。陌生人也是你生活重要的一部分。在这个世界上，你"认识"的人中间，陌生人是最多的。当所有熟悉的人离你而去，只有陌生人仍然陪在你身边。那么，你还有什么理由拒绝陌生人？

对生活充满热情，你会变得更加自信、更加开朗。对生活充满热情，你会发现生活的可爱、可亲。对生活充满热情，那么全世界都会向你微笑。对生活充满热情，那么你就会成为生活的赢家。

生活就是一张白纸，你就是那个手执画笔的人。如果你涂上的是冷色调，那么你的整个人生可能就会冰冷一片。如果你涂上的是暖色调，那么你的人生可能就会陡然间温暖起来。热情地面对生活，你就决不会遭到生活的冷眼。你将是一个快乐的精灵。

# 人生在世，何惧风雨

"阳光总在风雨后，请相信有彩虹。"人生路上，谁都难免有苦有痛、有挫折有失望。然而，人有自己的自主性，不能只沉浸在痛苦之中，不能在失败面前畏缩不前。每个人都应该锻炼自己在困苦的环境中保持良好的情绪和心态的能力，使自己不畏艰险，勇往直前。只有这样，你才是一个合格的人，才是一个成功的人。

人是一种脆弱的动物。许多人看起来很坚强，其实经不起一点儿风雨的打击。许多人表面风光，其实内心却无比恐惧、无比脆弱。他们都是不能够接受失败，只能够在成功的光环中生活的人。他们，也注定是要被淘汰的人。

1965 年 9 月 7 日，在纽约举行一场台球世界冠军赛。这场争夺赛是在路易斯·福克斯和约翰·迪瑞之间进行，奖金为 4 万美元。

这两位都是台球坛上的奇才，观众们在静静地观看着比赛的进展。福克斯的得分已遥遥领先。他只要再得几分，这场比赛就将宣告结束。

　　这时赛厅里的气氛十分紧张。福克斯洋洋自得，准备作最后几杆漂亮的击球。迪瑞沮丧地坐在一个角落里，他的败局已定。突然在那死一般沉寂的赛厅里出现了一只苍蝇，嗡嗡作响。它绕着球台盘旋了一会儿，然后停在了主球上。福克斯微微一笑，轻轻地一挥手，"嘘"地一声赶走了苍蝇。他又盯着台球，伏下身子准备击球，可是这只苍蝇第二次来到台盘上方盘旋，而后又落在了主球上。于是观众中发出了一阵轻松的笑声。福克斯又轻嘘一声将苍蝇赶跑了，他的情绪并没有因为这种干扰而波动。但是这只苍蝇第三次回到了台盘上，观众中发出了一阵狂笑。原先冷静的福克斯这次再也不冷静了，他用球杆去捣那只苍蝇，想把它赶走。不料球杆擦着主球，主球滚动了一英寸。苍蝇是不见了，可是由于福克斯触及了主球，他就失去了继续击球的机会。迪瑞充分地利用了这一幸运的机会，打得极漂亮，长时间地连续击球，直至比赛结束。迪瑞夺得了台球世界冠军，并拿走了4万美元奖金的大部分。

　　那天夜里，福克斯离开赛厅时，宛如在奇怪的梦幻中游走。第二天早上，一艘警艇在河上发现了他的尸体，他自杀了。

　　福克斯并不是技不如人，他的实力也许并不比他的对手差，甚至更好。然而这样一场关键角逐中的失败击垮了他，使他情绪彻底消沉，失去了生活下去的勇气，从而走向自杀。其实他大可不必走这样一条道路，他的比赛之路还很长，即使这一次没有发挥好，与冠军失之交臂，然而只要对自己有信心，那么一定会在下一次、下下一次的比赛中获得胜利。可惜他并不明白这个道理。

　　人生中，每个人都在一场角逐中。如果你能够在困境中仍然情绪饱满、信心百倍，那么你就会打败别人，赢得胜利。

　　西楚霸王项羽一生戎马生涯。他的兵力是非常强劲的，他的本领是非常高强的,但是他承受不了失败的打击,没有勇气去面对江东的父老,于是在原本可以逃脱的情况下自刎于乌江,留下了千古遗憾。其实如果他并没有自杀,而是鼓起勇气回江东继续斗争,谁又能说他不会再夺得天下?"江东子弟多才俊,卷土重来未可知"。

太史公在面临挫折的时候,却作出了与西楚霸王截然相反的选择。因为李陵事件,他锒铛入狱,并且接受了最为耻辱的宫刑。可是他却适时调整了自己的情绪,并没有让自己处于消沉状态,而是化悲愤为力量。只是因为他知道自己不能够没有价值地死去,他要让全天下都知道他的价值。这才是一个真正的"人"的选择。只要活下去,那么一切都有希望。

现代人生活安逸,已经不知道怎么去面对风雨。他们像温室里的花朵,只能可怜地待在温暖的花房,忘记了自己原本可以在大自然中自然地生长。

于是,我们经常听到大学生因为情感问题跳楼自杀;我们经常听到某博士、硕士因生活压力过大,选择结束自己的生命;我们经常听到有人因为心里不平衡,疯狂地滥杀无辜幼童,以泄私愤。这些活生生的例子不得不引起我们的思考,难道人就真的如此无用、如此不堪吗?

答案是否定的,人是可以勇敢面对生活的挫折的。只要你想要去做,想要去调整心态,那么你就会发现其实挫折并不可怕。

调整自己的情绪,直面人生风雨,首先要对自己有信心。你要相信,你永远是世界上独一无二的个体,没有人能够取代你的位置。你拥有自己的能力,一定能够做好自己的事情。即使偶尔遇到一些挫折,但是你绝对有能力克服,从而走向成功。

要调整好自己面对失败的情绪,还要有一颗宽大的心、一个容纳万物的胸怀。弥勒佛永远是微笑着面对世间,是因为他有一颗博大的心。没有什么事情是他想不通的、看不懂的,因此他永远露出一种了然的笑、洞悉一切的笑。你要明白，时间会冲淡一切，没有什么是过不去的。现在的挫折、困难与尴尬，都将成为过去。人生永远充满着阳光，风雨只是它的点缀。你要看到，能够难过其实也是一种幸福，至少你还没有麻痹。人生中的困苦与挫折真的没什么大不了，没必要使自己的心情受到外物的过多影响。即使是风雨又如何？风雨也有它的美丽。这样，你的情绪自然就不易消沉下去，你就会走出情绪的阴霾。

人生中的起起落落都是常情，成熟的人会调整心绪，坦然接受任何风雨，在风雨中起航。

**心灵秘籍**

人的一生永远充满着坎坷，正如大自然的四季永远充满着风雨。一个热爱生活的人，会使自己带着饱满的心绪来直面这些坎坷与风雨。因为除了直接面对，没有其他更好的选择。其实，当你面对了，你会发现，所谓的挫折、痛苦都是不堪一击的。"唯一恐惧的，只是恐惧本身"。直面风雨，才能见到彩虹。

# 在困境中保持微笑的姿势

"大肚能容，容天下难容之事；开口便笑，笑天下可笑之人"。弥勒佛的形象在人们心目中就是这样的两句话。他永远是微笑的，以一种洞察一切的眼光俯视世人。许多人看到他笑，却未必明白他为什么笑。其实，他是在告诉世人，人世间没有什么是不可以过去的、是不可以放下的。面对任何事情，都要有微笑的心情，这样你会发现生活其实充满着希望与幸福。

在顺境中保持微笑是人人都能够做到的。但是，很少人能够在逆境中、在困苦中仍然保持微笑的姿态。其实，困境中的微笑才更加美丽、更加弥足珍贵，更能体现一个人的胸襟与气度。

　　作为普通人，我们可能一辈子都不会经历大喜大悲的事情。但是在经营自己微小的一份生活的时候，我们同样需要很好地调整我们自己的情绪。我们要以微笑来面对一切艰难险阻，不能低下自己高昂的头，更不能允许自己流下脆弱的泪水。我们唯一要做的，就是调整心绪，微笑地去面对所有的困难。

　　在困境中保持微笑，就是让你在遇到不好的事情时能够积极调整情绪，使你的情绪不受困境的影响，永远昂扬向上。

　　在困境中保持微笑，你才能真正地驾驭生活，驾驭自己的人生。你或许不会知道未来会有哪些苦难，然而你可以选择用微笑来面对一切。谁都不是预言家，可是一个人却能够把握自己的幸福。只要你能够积极调整情绪，那么无论在何时何地，你都是幸福的。幸福无关乎他人，却在于自身。生活就是一面镜子，如果你对生活微笑，那么它也会对你微笑。

　　在困境中保持微笑，需要的是一颗乐观的心。乐观是一种品格、是一种境界。乐观其实很简单。如果面对半杯水，你能够说："哦，还有半杯水。"而不是说："哦，只剩半杯水了。"那么你就是乐观的；如果你的钱包被小偷偷走了，你能够说："幸亏他没有伤害我的性命。"而不是说："真倒霉，损失了那么多钱财。"那么你就是乐观的；如果你不幸成了残疾，你能够说："还好，我还有生命。"而不是说："我的这一生完了。"那么你就是乐观的。这时候，在你的眼前就会是明媚的阳光而不是密布的乌云。

　　在困境中保持微笑，还要有一颗自信的心。只有自信，你才会明白没有什么能够击得垮自己。你是唯一的、独一无二的。你拥有别人没有的能力，什么挫折都只是暂时的，你一定有足够的勇气去面对它、接受它。因为你自信你是最棒的，所以你才会微笑，向着困难、向着挫折、向着一切微笑。这时候你的微笑才是最美的。

在困境中保持微笑，还要有坚强的意志力。只有凭借坚强的意志力，你才能够渡过难关，重见光明。一个人遇到困境并不可怕，可怕的是他面对困境走向消沉。许多青少年因为成绩不好而自甘堕落，在网吧中度过美好的青春岁月，在歌舞场挥霍时间。这些都是无法直面挫折的人，都是注定被淘汰的人。每个人都应该锻炼自己坚强的意志力，在困境面前不消沉、不放弃、不妥协。用自己的能力向世人证明你是最棒的，你是打不垮、折不弯的，你是最坚强的。

心灵秘籍

当你还在为自己的挫折而哭泣时，你已经是一个失败的人了。你没有权利使自己情绪消沉，既然你生活在这个世界上，你只有勇敢地去面对一切。在顺境中的微笑固然美丽，而在困境中的微笑却更为迷人。我们不要做花房里的玫瑰，却要做沙漠里的红柳。不要让挫折湿润了你的眼睛。擦干眼泪，你将看到更多。

# 让梦想不再退缩

梦想是人生的指路明灯。你可以没有一切，却不能没有梦想。当你在追求梦想的时候遇到挫折，应该调整自己的情绪，更加努力地去追寻它。

每个人小时候都有许多伟大的梦想："我要做科学家"、"我要做天文学家"、"我要做文学家"。当老师点名提问的时候，一只只稚嫩的小手高高举起,渴望说出自己最伟大的梦想。虽然稚嫩,却是豪情万丈,令人不敢轻视。

言犹在耳,我们却一点点长大。曾经的梦想被无情的现实淹没,不知道从什么时候开始,我们的情绪已经消沉,我们的性情已经世俗化,只想小心翼翼地经营着自己可怜的生活。我们再没有了那份豪迈,再没有了那份气魄,有的只是犹豫、小心、局促。于是,曾经的科学家现在可能只是一个公司小职员,曾经的天文学家变成了一个小商贩,曾经的文学家不过是一个普通的家庭主妇。谁也不好意思提起自己曾经引以为傲的理想,只是将它看作是少不更事。

这时候,我们真的已经长大了,然而这份成熟却付出了太惨痛的代价。成熟使我们用平庸代替了不凡,用消沉代替了乐观,用鼠目寸光代替了高远志向。生活将我们的棱角一点点磨去,同时也磨去了我们的梦想,磨去了一份本可以光芒四射、充满创造力的人生。

每个人都不要使自己变成一个无梦的人,无梦意味着情绪的消沉。即使现实不容许你去做,但还容许你去想。有梦想的人,他的人生才是最为光明的。许多成功人士,他们的成功就是从"做梦"开始的。

曼德拉出生在一个小村庄,9 岁那年父亲就去世了。曼德拉从小就经常目睹当地大酋长在解决部落争端过程中被白人的法律所约束,他逐渐萌发了寻求正义、平等的理想。年纪更大一些后,他多次领导同学抗议学校的白人法规,甚至因领导学生运动而被除名。在一次次的"斗争"中,曼德拉逐渐立下志愿:要为南非的每一个黑人寻求真正的公正。正是这样的梦想支持着他、鞭策着他,使他一步一步地向自己的理想前进,最终曼德拉成为南非第一位黑人总统,他同南非种族隔离制度进行了几十年不屈不挠的斗争,赢得了全世界人的支持和喝彩,因此,有人说,曼德拉已经成为一个时代的象征。曼德拉的反抗精神、对正义和理想的追求正是基于童年时期就开始明确的梦想。

比尔·盖茨从小就是个"电脑迷"。他 1955 年 10 月 28 日生于美国西北部华盛顿州的西雅图，小时候开朗活泼，是一个精力充沛的孩子。不论什么时候，他都在摇篮里来回晃动。等长大些又花许多时间骑弹簧木马。后来，他把这种摇摆习惯带入成年时期，也带入了微软公司，摇动了整个世界。比尔·盖茨在学校里酷爱数学和计算机。保罗·艾伦是他最好的校友，两人经常在湖滨中学的电脑上玩三连棋的游戏。那时候的电脑就是一台 pdp8 型的小型机，学生们可以在一些相连的终端上，通过纸带打字机玩游戏，也能编一些诸如排座位之类的小软件，小比尔·盖茨玩起来得心应手。1972 年的一个夏天，年龄比他大 3 岁的保罗拿来一本《电子学》的杂志，指着一篇只有 10 个自然段的文章对比尔说，有一家新成立的叫英特尔的公司推出一种叫 8008 的微处理器芯片。两人不久就弄到芯片，摆弄出一台机器，可以分析城市交通监视器上的信息，他们就想成立一家命名为"交通数据公司"的公司。1973 年，比尔上了哈佛大学，保罗则在波士顿一家叫"甜井"的电脑公司找到一份编程的工作。两个伙伴经常会面，探讨电脑的事情。如苹果砸出牛顿的灵感一样，个人电脑闯入比尔的脑海也有一个外在的启蒙者，这就是 1975 年 1 月份的《大众电子学》杂志，封面上 altair8080 型计算机的图片一下子点燃了比尔·盖茨的电脑梦。他和他的好朋友保罗在哈佛·阿肯计算机中心没日没夜地干了 8 周，为它配上 Basic 语言，开辟了 PC 软件业的新路，奠定了软件标准化生产的基础。如今，微软已成为业内的"帝国"，而这与比尔·盖茨小时候的"电脑梦"是不无关系的。

如果曼德拉没有坚持自己的梦想，而是和其他人一样去过平凡的生活，那么他永远不会成为南非的总统。如果比尔·盖茨没有坚持他的"电脑梦"，那么强大的微软帝国也就无从谈起。他们和其他人相同的是拥有自己的梦想。他们和其他人不同的是去认真实现了这些梦想。只有坚持自己的梦想，你才会取得成功。

或许你还在为生活中的柴米油盐而烦恼，或许你只是一个普通得不能再普通的人。那么，你不妨从现在开始，放下自己手中的工作，认真去回忆曾经有过的众多梦想。或许只是想吃一顿大餐，或许只是想去一个城市旅游，或许只是想听别人一句赞美。无论那些梦想是什么，写下来，列出一个单子，然后努力去做。这样你会发现你的生活原来还没有那么糟糕。你大可不必消沉度日，因为你有了奋斗的目标。

拥有梦想对每一个人都很重要。想象一下，如果大海上没有灯塔，那么船儿会多么孤寂无助；如果马路上缺少了路灯，那么行人该有多么迷茫。梦想就是那指引人生道路的灯塔，有了它，你就会知道究竟要往什么地方去，你就会明白你正在向什么方向航行。一个人没有梦想，那么他必然如同行尸走肉一般。生活对他而言只是混日子，除此之外没有任何价值。他的整个人也就毫无价值。他可以毫不吝惜地挥霍自己的岁月，因为他没有珍惜它的理由。这样的生活，即便外表光怪陆离，又有什么乐趣可言？只是纸醉金迷的牺牲品罢了，可怜、可悲、可叹。

你的梦想如果是到达月亮，那么你至少会达到树梢。一个人不能没有梦想。你的梦想即使再卑微，也不要将它忘记。拥有梦想的人生才是充满希望的；拥有梦想的人才是幸福的。那么，不要让自己的情绪消沉，认真呵护你的梦想，那是你人生的最大财富。

# 做行动的践行者

行动可能不会成功，但是不行动却永远不会成功。只有真正付诸行动，梦想才有可能变为现实。如果梦想是彼岸，那么行动就是划向彼岸的帆船。有了帆船，可能不一定能够到达彼岸，可是没有帆船，就永远到达不了彼岸。

每个人都可能是梦想家，但很少人能够成为实干家。把梦想停留在口头上的人很多，但是真正去付诸行动的人却少之又少。这就是为什么大多数人永远是平庸的原因，因为他们没有去行动。

许多伟大的人物之所以成功，就在于他们不仅仅停留在思考层面、梦想层面，而是由于他们真正去做、去行动，用自己的行动去实现自己的设想。

"顺风耳"一直是人类的梦想，《封神榜》里就有这样的人物。这个梦想后来终于由一名美国画家实现了，他就是电报机的发明者——莫尔斯。

19世纪初期的一个秋天，在一艘航行的船上，一群旅客正围着一个名叫杰克逊的医生，听他讲述刚发明不久的电磁铁：一块马蹄形的、缠着导线的铁块，一通电就会产生吸引力；而电流一断，吸着的铁性物质便都掉了下来。大家都被这新鲜事吸引住了。当时莫尔斯也在场，他在感到好奇的同时，却比周围其他人想得更深、更远。他向杰克逊问了一个问题：电流在导线里流动的速度快不快？当他知道电流的速度快得在几千千米长的电线里一瞬间就能通过时，一个大胆而又新奇的想法在他头脑中出现了。

海轮上的巧遇，改变了莫尔斯的生活道路。他放弃了自己心爱的绘画事业，开始了发明电报的艰苦研究工作。十多个春秋过去了，他终于获得了成功，利用电流一断一通的原理，发明了电报机和用点画表达信息的电码——"莫尔斯电码"（目前使用的小学自然课本中选编的电码就是其中的一种），使通讯变得便利了。

电报虽然能迅速地传递信息内容，但是，发报人先把信息内容转换成符号，按一定的操作规律把这种符号发送到收报人那里。收报人收到这种符号后，再利用电码把它所代表的内容翻译出来，还是比较麻烦。如果能直接传送语言信号该多好啊！人类是永远也不会满足的，发明了电报后，又在给自己出新的难题了。

第一个向这个难题宣战并获得胜利的是美国一位研究聋哑语的教师贝尔。贝尔开始研究这个难题时，对电学一窍不通。但是，他在研究人的声带过程中想到：声音是靠声带的振动而产生的，能不能把这种振动通过电流的强弱变化送出去呢？能不能把物体的振动变成变化的电流，再把变化的电流还原成物体的振动发出声音来呢？这可真是个大难题。

为实现自己的理想，贝尔来到了千里之外的华盛顿，从头开始学习电学知识。经过3年的发奋努力，他在机械工匠沃特森的帮助下，终于在1876年制成了世界上第一套话筒和听筒，用电流传送声音的理想实现了。但是，当时的电话杂音太大，传送距离又太短，离实际应用还有一段距离。

1878年，大发明家爱迪生对电话机作了较大的改进，使通话距离增长到100多千米。

1915年，贝尔又进一步解决了由于长距离通话给电话机带来的一系列技术性问题，终于在这一年，美国架起了第一条长达6000多千米的电话线路。

我们现在一直在心安理得地运用着电话和手机去联络。然而，有谁想到，如果事例中的3位科学家只是将自己的想法停留在"想"的地步，我们的生活该有多么不方便。如果莫尔斯并没有继续研究电流，那么我们的通讯事业的进步就不会这么迅速；如果贝尔没有研究制作电话的方法，那么我们到现在或许还要靠"飞鸽传书"。我们应该庆幸，人类中有一些人是孜孜不倦地在实践着的。他们不愿意让自己的想法只停留在空想的阶段，而是想要以自己的行动去挖掘大自然与人类社会的秘密，以自己的行动去实现自己的理想。

"纸上得来终觉浅，绝知此事要躬行。""纸上谈兵"的惨痛事例告诉我们：赵括熟读兵法，以为一切战争就像书上讲的那么容易，最后断送了几十万人的性命，使自己成为后人的笑柄。"守株待兔"的事例也告诉我们：老农自作聪明、好逸恶劳，以为只要睡大觉，兔子就会乖乖碰死等自己去抓，到最后只落得个饿死的下场。这就是不去行动的恶果。只靠想，只靠理论是永远不能解决实际问题的，是注定要失败的。

　　如果你还没有放弃自己的人生，那么就要做一个行动上的巨人。有了梦想，就要积极去行动、去实现这个梦想。试想，如果比尔·盖茨只是怀揣着他的"电脑梦"，却没有和朋友开始行动，那么他永远也不会建立强大的微软帝国；如果牛顿只是在想苹果为什么落地而不去进一步做实验验证，那么万有引力定律永远不会被发现；如果贝多芬只是怀着对音乐的梦想，而并不去创作、并不去和失聪作斗争，那么那一页页华丽的乐章就不会出现，进而撼动人的心灵；如果海伦·凯勒一味地消沉，并没有去行动和奋斗，那么她只是个可怜的残疾人。

　　成功人士与平凡人并没有什么区别。有些人为自己的梦想奋斗了，那么他就成了万人敬仰的对象；有些人将自己的伟大梦想只是停留在梦想阶段，于是他成了平庸无奇的平凡人中的一员。想要成功还是想要平庸，往往就在你的一念之间。每个人的命运都是相同的，每个人都面临相同的机会。行动了，可能下一个成功的就是你。

## 心灵秘籍

　　行动或许很困难，但是却不能够被忽视。如果你对自己负责，那么就把自己变成一个行动上的巨人。现实中或许有很多障碍阻挠你的行动，但其实最大的阻挠在于你的内心。一个想要去行动的人，没有什么会成为他的障碍。行动是成功最关键的一步，走好这一步，你才真正能够做一个不平凡的人。

# 培养自信的习惯

"坚决的信心，能使平凡的人们作出惊人的事业。"马尔顿如是说。自信确实是一个人安身立命的法宝。一个自信的人，必然能够自立、自强、自尊、自爱。一个人，与其相信上帝，不如相信自己，因为每个人都是自己的上帝。如果对自己有信心，那么他一定会作出一番伟大的事业。

一个人不应该让自卑的情绪压抑自己，每个人都应该自信。伟大的人和平庸的人并没有什么不同，只是伟大的人始终相信自己，而平庸的人却永远让自己的情绪处于自卑之中。

有一个虔诚的佛教徒遇到难事，到寺庙去拜求观音菩萨，希望观音菩萨能给他指点迷津。他走进庙里，发现有一个人也在拜观音菩萨。他觉得这人好面熟，仔细一看，此人和观音菩萨长得一模一样。佛教徒很好奇，问道："你不是观世音吗？"那人答道："我是观世音。""你是万能的观音菩萨，为什么还要拜自己呀？""神仙也有难事呀，我也一样。"观音菩萨笑着说，"可我知道求别人不如求自己。"

一个人所在的村镇发了大水。洪水来得很猛，一会儿工夫，洪水就没过了那个人，他手里抓着一块木板，飘在水面上，嘴里默默地念着："上帝啊！请你救救我吧！"这时从他身边飘过来一只小船，上面的人伸出手来拉他："快，赶快上来。"可是那个人说："谢谢你们了，我是虔诚的基督教徒，上帝一定会救我的，你们走吧！"船上的人面面相觑，无奈地划开了。

那个人还留在涨水的村庄里祈祷着，这时候救援队的人划着橡皮艇朝他过来："我们来救你了。"他说："我不走，你们不用担心，我是虔诚的基督教徒，上帝会救我的。"于是救助队员又划着船走开了。

后来洪水越来越大，那个人渐渐地体力不支，沉入水中，很快地停止了呼吸。但由于他是个虔诚的基督教徒，所以他死后升到了天堂。在天堂里，他看见了上帝。于是他很生气地质问上帝："为什么我那么的虔诚，你却不来救我？"上帝很无奈："我当时已经派了两艘船去救你，可你每次都放弃了。"

第一个故事中，那个人遇到难事，不是想要自己去解决，而是把问题丢给观音，其实这正是一种不自信的表现。真正自信的人永远不会依赖别人，他会自己想办法解决问题。

第二个故事里的人更是一个可悲的人物。当一个人相信别人胜过了相信自己，哪怕那个"别人"是上帝，那么他也是可悲可叹的。没有人是自己的救世主，一个人要想成功要培养一种健康的心绪、一种自信的姿态。如果连自己都不相信，那么连上帝都不会去理会他。"上帝只救自救的人"，说的就是这个道理。

自信是一种气质，让你绽放一种不平凡的美丽。拥有自信，哪怕你已老迈，仍然具有青春的光彩；拥有自信，即使你相貌丑陋，也会给人以美的感受；拥有自信，即使你默默无闻，也会让身边的人感受到你的不凡。

自信的人更容易和别人接近，因为他对人不心存芥蒂，他会调整情绪，以己推人，坦荡地面对任何人、任何事。如果你是一个自信的人，那么你和同事之间的关系会变得更融洽，你会更加融入你的工作，得到上司更多的赏识和重用。试问，哪一个上司不喜欢将任务派给一个值得信赖的人？拥有自信，你就是那个被委以重任的人。

培养自信其实并不困难。每个人天生并不自卑，只是跟别人比较，逐渐将自己的信心磨去。拥有自信，首先你要调整自己的心态，丢弃攀比之心。每个人都有自己的长处与优点。"人外有人，天外有天"，你永远不可能是最好的，任何人都不可能是最好的。或许有许多人在相貌上、工作上、经济上超过你，你或许永远不能够赶上那些"天之骄子"，这时候，你就应该调整自己的心态，不要使自己心生忌妒。你应该看到，平凡的人生自有其乐趣。你虽然不如明星一样受人追捧，但是同样你也少了很多麻烦，不用担心自己的隐私会被曝光、不用担心走在大街上有人偷拍。你拥有的是自由，这就够了。

培养自信，一定要培养自己真正的能力。自信并不是凭空产生的，它建立在实力的基础之上。一个没有实力而空谈自信的人，久而久之，就会被别人认为是"绣花枕头"、是不值得一提的。只有自己真正有实力，才能在别人面前抬起头，勇敢地走自己的路。工作中，只有有能力做好分内的工作，你才不会惧怕别人的非议，你才会生活得心安理得、无愧人生。

培养自信，还要有一种乐观的情绪。不要总是看到自己薄弱的一面，要善于挖掘自己有潜力的一面。"尺有所短，寸有所长"，每个人都有自己最擅长的一面。如果你只是看到自己的薄弱环节，而看不到自己的闪光点，那么就注定了你的自卑，注定要被别人踩在脚下。一个看不起自己的人，谁都不会高看你。只有自己绽放自信的微笑，才会赢得别人的赞美与尊重。

培养自信，还需要自己去夸赞自己。不要吝啬对自己的夸赞。这不是"自恋"，反而是一种自我塑造、自我暗示。每天对着镜子大声喊"我是最棒的"、"加油"，久而久之，你就会获得一种积极的心理暗示，你就会感觉自己真的很优秀。你就会变得越来越有气质、越来越美丽。这样的你，才是最迷人的。

美丽不能只靠外表，自信的人往往是最有人格魅力的。即使你条件很差，也不要妄自菲薄。要相信，你始终是世界上唯一的你。你是独一无二的一种存在，是不可复制的。自信能使人更美。

自信是人生的一缕阳光，照亮你前进的路；自信是人生的一段阶梯，指引你走向成功的殿堂；自信是人生的一架桥梁，引导你走向完美的彼岸；自信是人生的一颗明星，照亮你迷茫的前途。拥有自信，你的生活会变得更加美好；拥有自信，你也会更加丰富、更加迷人。自信是一味人生的良药。

# 对希望不放弃、不抛弃

人生中可能有许多事物是你得不到的。小时候，你想要天上的星星，得不到；长大后你想要更高的位置，得不到。但是，得不到不意味着放弃。如果你不放弃，那么很可能有一天你就得到了你想要的东西。如果你放弃了，那么那些东西只能与你失之交臂。

"不放弃、不抛弃"是一种执著的人生态度，是一种永不服输的精神，是一种健康的心绪。人只有有这种精神，才能够将人生之路走得丰富多彩。不放弃、不抛弃，你才有可能抓住你想要的东西、抓住生活中的美好。

"今之成大事业、大学问者，必经过三种之境界：'昨夜西风凋碧树，独上高楼，望尽天涯路'，此为第一境界；'衣带渐宽终不悔，为伊消得人憔悴'，此为第二境界；'众里寻他千百度，蓦然回首，那人却在灯火阑珊处'，此为第三境界。"

王国维对成大事之道的看法，很好地诠释了"不抛弃、不放弃"的含义。如果你已经确立了目标，那么即使为它"衣带渐宽"，也终要坚持下去。只有这样，你才会成为一个有希望的人、有前途的人、成功的人。

1987年，她14岁，在湖南益阳的一个小镇卖茶，1毛钱一杯。因为她的茶杯比别人大一号，所以卖得最快。那时，她总是快乐地忙碌着。

1990年，她17岁，她把卖茶的摊点搬到了益阳市，并且改卖当地特有的"擂茶"。擂茶制作比较麻烦，但也卖得起价钱。那时，她的小生意总是忙忙碌碌。

1993年，她20岁，仍在卖茶，不过卖的地点又变了，在省城长沙，摊点也变成了小店面。客人进门后，必能品尝到热乎乎的香茶，在尽情享用后，他们或多或少会掏钱再拎上一两袋茶叶。

1997年，她24岁，长达10年的光阴，她始终在茶叶与茶水间拼搏。这时，她已经拥有37家茶庄，遍布于长沙、西安、深圳、上海等地。福建安溪、浙江杭州的茶商们一提起她的名字，莫不竖起大拇指。

2003年，她30岁，她的最大梦想实现了。"在本来习惯于喝咖啡的国度里，也有洋溢着茶叶清香的茶庄出现，那就是我开的……"说这句话时，她已经把茶庄开到了香港和新加坡。

她的名字是孟乔波，一个卖茶的商人。

新生开学，"今天只学一件最容易的事情，每人把胳膊尽量往前甩，然后再尽量往后甩，每天做300下。"老师说。

一个月以后，有90%人坚持这样做。

又过一个月后，仅剩80%的人坚持这样做。

一年以后，老师问："每天还坚持做300下的请举手。"整个教室里，只有一个人举手，他后来成为了世界上伟大的哲学家。

他的名字叫柏拉图，希腊最著名的哲学家。

两个人，一个是普普通通的茶商，一个是大名鼎鼎的哲学家，然而他们有一个共同点，那就是"不抛弃、不放弃"。试想，如果孟乔波放弃了自己的梦想，那么她可能永远都不会成为富甲一方的茶商。如果柏拉图没有坚持，那么可能终其一生也只是希腊街头聆听苏格拉底问题的一个普通的青年。当初希腊街头有那么多青年向苏格拉底请教，然而只有他继承下了苏格拉底的衣钵，或许那就是因为他的坚持。

　　爱迪生说过："伟大人物的最明显的标志就是他坚强的意志。不管环境变换到什么地步，他的初衷与希望仍不会有丝毫的改变，而终于克服困难，以达到预期的目的。"我国古代的大思想家荀子也曾谆谆教导我们："不积跬步，无以至千里；不积小流，无以成江海"、"锲而舍之，朽木不折；锲而不舍，金石可镂。"不放弃，是成功的开始，只有不放弃，成功才会向你招手微笑。

　　那么，要怎样才能做到不抛弃、不放弃呢？

　　首先，要有一个明确的目标。没有目标的人，是很难长期坚持下去的。有了目标就有了奔头、有了希望。正如在漆黑的山洞里找到了光亮，那么你就会不由自主地向那光亮迈进，不管前面有多少艰难险阻。

　　目标要实际，而不要定得过于飘渺或者过于浅显。难以实现的目标容易使人懈怠，那么就不容易长期坚持。而太容易实现的目标使人不懂得去珍惜，以为世事都是很简单，不费吹灰之力就可以办到。因此久而久之，就会滋生一种轻蔑自满的心理，更加阻碍你的成功。

　　其次，还要有一颗坚强的心，有强大的意志力。在向着目标前进的路上，难免会遇到许多意想不到的挫折与失败，这时候你要积极调整情绪，用强大的意志力去抵御。人生没有一帆风顺的。成功人士之所以成功，就在于他们在别人放弃的时候仍然在坚持着。他们不懂得什么叫"放弃"，而是一心坚持自己的梦想，直到那梦想变为现实。

　　在顺境中的坚持是容易的，不容易的是在逆境中的坚持。或许在你前进的路上没有鲜花和掌声,有时候甚至有谩骂与污蔑,在这个时候,你要以自己强大的内心来加以抵御。你要知道,自己的人生是要靠自己把握的,别人只是看客,永远成不了你人生的主角。抛弃他人的眼光,坚持做真实的自己。

最后,要做到不抛弃、不放弃,还要有一颗不满足的心,追求完美的性格。凡事不要只做到"差不多",99%和100%之间永远有距离。如果你只是甘心做到99%,那么你就永远不会达到最高的境界。"行百里者半九十",许多人一开始是坚持得很好的,可是往往虎头蛇尾,没有下文。工作做了一半就觉得不错,永远用"差不多"来安慰自己。这种人是永远不会体会到达到顶峰的愉快的。要追求完美,将每一件已经开始做的事情做到最好,不管最后你是否还有兴趣,只要开始,就要有结束。

不抛弃、不放弃,就意味着成功。

快乐的情绪不容易保持,可是我们需要努力。不抛弃、不放弃,这是人生最大的法宝。或许你有很多无奈,但是不要以任何理由放弃自己的梦想。梦想一旦丢弃,那么就只能存留在梦中。只有坚持不懈,你才能够获得成功的愉悦。一个人能否成功就在于自身。如果能够做到不抛弃、不放弃,那么这个人就是一个成功的人、一个令人敬佩的人。

# 张开希望的翅膀

"希望是坚韧的拐杖,忍耐是旅行袋,携带它们,人可以登上永恒之旅。"你的生活可能并不如意,但是你怀揣希望,即使一无所有也可能会富如国王。潘多拉的盒子里，有许多东西跑了出来，唯一没有跑出来的就是希望。所以人类即使到了最悲惨的时刻，心里仍是光明的。

希望是真正的人生之灯，它照亮了人生的道路，让你在绝境中也会感到温暖，在困难中也会倍感温馨。张开希望的翅膀，你就是一个会飞翔的天使。希望给人以信心，有了希望，一个人可以毫无畏惧地面对一切。

1900 年 7 月，一位叫林德曼的精神病学专家独自一人驾驶着一叶小舟驶进了波涛汹涌的大西洋，他在进行一项历史上从未有过的心理学试验，准备付出的代价是自己的生命。

林德曼博士认为，一个人只要对自己抱有信心，就能保持精神和股体的健康。当时，德国举国都在注视着独舟横渡大西洋的悲壮的冒险。已经先后有 100 多位勇士相继驾舟横渡大西洋，结果均遭失败，无人生还。林德曼博士认为，这些死难者首先不是从肉体上败下阵来的，主要是死于精神上的崩溃、死于恐怖和绝望。为了验证自己的观点，他不顾亲友们的反对，亲自进行了试验。

在航行中，林德曼博士遇到了难以想象的困难，多次濒临死亡，他的眼前甚至出现了幻觉，运动感觉也处于麻木状态，有时真有绝望之感。但只要这个念头一升起，他马上就大声自责："懦夫，你想重蹈覆辙、葬身此地吗？不，我一定能够成功！"生的希望支持着林德曼，最后他终于成功了。他在回顾成功的体会时说："我从内心深处相信一定会成功，这个信念在艰难中与我自身融为一体，它充满了身体的每一个细胞。"

林德曼是一个有着希望的人，正是因为如此，才使得他在困境中仍然能够坚持。如果他失去了对于生的希望，那么他终究会葬身茫茫大西洋，可见希望对人生的重要。拥有希望，你才会在困境中勇敢地坚持，希望就是你力量的源泉，就是你生命的支柱。只要还有希望，你就不是一无所有。只要还有梦想，你的人生就是完整的。拥有希望的人，是谁也不能打垮的。

一个人的情绪可能会有波动，可是无论在任何心绪下都不要放弃希望，即使是在最绝望的状态下也会找到一线生机。

一场突然而至的沙尘暴，让一位独自穿越大漠的旅行者迷失了方向，更可怕的是装干粮和水的背包不见了，翻遍所有的衣袋，他只找到一个泛青的苹果。他惊喜地喊道："噢，还有一个苹果。"他攥着那个苹果，艰难地在大漠里寻找着出路，整整一个昼夜过去了，他仍未走出茫茫的大漠。饥饿、干渴、疲惫使他有好几次都觉得自己快要支撑不住了，可看一眼手里的那个苹果，抿抿干裂的嘴唇，他陡然又添了几分力量。他继续跋涉着，心中不停地默念道："我还有一个苹果……"3天以后，他终于走出了沙漠。

他那个始终未曾咬过一口的苹果，已干枯得不成样子了。

那个人的苹果，就是他的希望。希望可以很卑微，哪怕只是一个干枯的苹果。如果你将它藏在心里，那么它就会指引你走出困境，走向成功。

当你孤单时、当你情绪低落时，你会觉得日月失色、天地无光。但是，如果你调整情绪，使自己重新充满希望，那么即使徘徊孤单，也决不会放弃坚强；即使再受伤，也不允许眼泪留在脸上。希望给人以勇气和力量，使人不畏艰险、奋发向上。

张开希望的翅膀，我们应该如何去做？

其实答案很简单。第一就是要保持一颗童稚的心。当我们还是小孩子的时候，我们并没有遇到许多的挫折，我们相信自己是世界上最强的、是无所不能的。当生活还没有向我们呲牙咧嘴的时候，我们是有很多希望的。长大让我们一点点变得麻木，向现实妥协。成熟意味着对于一切逆来顺受。成年人已经太容易接受，太容易使自己变得现实。如果我们还想有所改变，那么第一件事就是找回从前的自信、从前的希望。试着用孩子的心来观察这个世界，你会发现其实世界并没有想象中的那么枯燥和平淡无奇。小时候你希望得到一个玻璃弹珠，那么不妨现在仍然去试着渴望一个弹珠，并积极寻找那颗弹珠。当你找到了，你会得到无限的快乐和满足。这是大人的世界所不能给你的。

要想张开希望的翅膀，还需要不断向希望努力。看着希望一件件成为现实，你才会有勇气设定下一个希望以及无数个希望。如果你永远只是设定希望而不去做，那么希望就是虚无、就是空想、就是不切实际。"只有希望而没有行动的人，只能靠做梦来收获所得。"设定了希望就要积极去做、去实现，从而在实现梦想中获得不一样的快感。

世界上不乏有希望的人，只是一部分人把希望只看做希望。就像诗人臧克家所说："人生永远追逐着幻光，但谁把幻光只看做幻光，便会沉入无底的苦海。"要相信自己有把希望变为现实的能力，不要只沉浸在白日梦的幻想之中。在幻想中沉睡的人是可怜而又可悲的。

破解情绪的密码，你需要心中有希望。

**心灵秘籍**

希望是灯，使你永远不会迷失在人生的旅途，每个人的心中都要有所希冀。这样他才会有动力在这个世界上活下去，使自己的情绪一直保持昂扬向上。永远不要使自己在现实社会中变成一个麻木不仁的人。要不断地为自己设定下一个目标，并向着这个目标不断前行。你的人生，由希望点燃。

# 第四章

## 拨开云雾，丢弃烦恼
### ——走出烦忧，面朝大海，春暖花开

　　生活之中难免会有心烦气躁，难免会忧愁抑郁，这些不好的情绪总会在我们的生活中起起伏伏。很多时候，不良情绪就像是一个冠冕堂皇的陷阱，似乎我们总能找到不开心的理由，所以我们放纵了情绪，进而放纵了这种情绪对生活的影响。当我们被坏情绪缠身的时候，我们不要总是徘徊在其中，我们要学会跳出来冷观一切，适时地给好情绪一个台阶，让开心、快乐轻松地来到我们的身边。

# 整理心情，拒绝杂乱

心灵就像我们的家一样，需要时刻打扫，而心情就是家里的摆设，需要整理、需要擦拭。拒绝心情杂乱，拒绝自己的心灵被灰尘掩盖。

气温渐渐升高，又到了季节更换的时候了，让我们打开衣柜来整理衣服。折好春天的衣服，把冬天的棉衣放在衣柜的最底层。当我们把最上层挂上夏天艳丽轻薄的衣裙时，感觉整个人都会轻松很多，就像被冬天的寒冷、春天的漂浮不定压抑已久的心情终于等到了夏天的甜美阳光，感觉温暖而快乐。

人总会有一段时间心绪不宁、昏昏沉沉，不知道做了什么，也不知道该做什么，每到这个时候，我们就应该告诉自己去检查一下自己的心情，是不是又到了整理心情的季节了？季节不同，穿的衣服也不同，所以整理衣柜，我们需要合适的衣服来适应新的季节；时间流逝，我们的人生阶段也不同，所以整理心情来适应新的日子。然而季节是可预知的，未来却是不可预知的，所以整理衣柜只是单纯地把应季的衣服找出来即可，而整理心情则不单单要把过去的坏情绪埋到心底甚至遗忘，还需要新的向往与追求，因为我们总是希望接下来的是春天，而不是难熬的冬天。

有的人有这样一个习惯，那就是在心里乱的时候整理东西，整理书籍、衣物、杂物等，然后洗澡，换上干净的衣服，看着自己周围的东西整齐地摆放着，心情往往也会好很多；你也可以舞文弄墨，尤其是书法、古诗词句，挥笔写下"君子之交淡如水"、"自强不息，厚德载物",墨香弥漫,沉醉其中,心情自然也会随之平复下来;你也可以骑上单车,约上友伴,到野外大自然的怀抱中去尽情地释放,看着那一片片宁静的翠绿,听着那阵阵清脆的鸟鸣,心情也会安静下来,胸怀也会开朗。就像上文说的,我们整理心情的目的是为了迎接美好的春天,而不是延续寒冷的冬日,所以我们借新的环境或者新的行为,让过去累积在心里的不愉快与不舒畅都永远地沉淀下去,把希望、憧憬等美好的"衣服"挂到最上面来,摆得整整齐齐,来日将这些"新衣服"穿到身上,衬托我们生命的春天。

小西是个喜欢变化的女孩子,她热衷于不断地变换床上的花被单、床架上的塑料花,或者是那些书本的摆放样子,甚至在寝室里与舍友换遍了床位。

这个爱好伴随她直到现在。刚结婚时,和先生守着一间12平方米的小屋,除了桌子、椅子,就是床和沙发了,其余家具一概没有。但这并没有影响小西今天把桌子搬到窗下、明天又把它挪到门边的兴趣。

那时很多同学、朋友都还是单身,总愿意到他们的小屋坐坐、聊聊。每次来,不变的一句话总是:又变样了!接着大笑,大家关心的是,这样会不会把两个人累坏?

在经过无数次挪东挪西、搬来搬去之后,她渐渐发现,几乎每一次自己吵着要搬家具的时候,都是为了某种心情的改变,或者由郁闷到喜悦、由散漫到牵挂,或者由简单到复杂、由烦乱到安静。但是无论怎样,每次的辛劳之后,都会神奇地令她如释重负、豁然开朗。

的确,整理心情就是把烦乱的心绪重新梳理,让浮躁的心跳重新稳健。曾经,我们的新房是如此的干净整洁,然而不管你怎么呵护,只要开始生活,就必定会或多或少地产生一些杂物,就像不管你当初是多么的开朗,生活中又是多么的洒脱,你的心灵总会在世俗中蒙上一层令你厌恶的灰尘。快乐的、忧伤的、满足的、无奈的,许多都是我们自己无法左右的，生活在这个纷繁复杂的社会，每个人的心情都会随着周围的环境而变化。我们能做的只有把喜怒哀乐埋藏在心灵的最深处，在夜静人深之际独自舔舐流血的伤口来抚慰自己。心情是需要整理的，因为它一但受到一点点的刺激，就会泛滥得一发不可收拾。所以如何调整自己、如何把自己的心情保持在最佳状态就如整理衣服、收拾房间，在你感觉快要崩溃的时候，在你感觉快支撑不下去的时候也收拾收拾心情，丢掉一些昨天的东西，可能是堆积在房间的，也可能是压在你心灵深处的，把你的不愉快、把你所遭受的不公、把你的无奈统统像垃圾一样丢掉，静下来看看今天的美好，幻想一下明天，把你的感恩、把你的快乐和幸福重新打包，带上你的责任和义务轻装上阵，丢掉的东西并不可惜，因为你拥有了更多的空间，这样你就会感受到更多的快乐和满足。

其实，整理心情就像整理自己的衣服一样，需要定时、定期地翻出来整理一番，剔除过时的陈旧往事，抛弃不合时宜的想法，注入一些新鲜的、积极的、向上的精神食粮或者追求。及时整理自己的心情去接受现实吧，这样你才能活得更充实、更有意义。

# 让忧虑烟消云散

忧虑，说白了是对自己、亲人、处境、将来的一种担心，于是情绪低落、无精打采、精神紧张、疲倦无力。忧虑产生的原因有很多，有人总结为：人生目标模糊；外来的压力和打击；过于完美主义；生活作息时间很混乱。总而言之，忧虑是一种很不好的情绪、一种我们应当竭力避免或尽快消除的情绪。

"对酒当歌，人生几何？"此句出自曹操的《短歌行》，其释义为：对着酒应该放声高唱，人生时间有限。这里讲的"人生几何"是说人生时间有限，当然不是叫人"及时行乐"，而是提醒我们要及时地建功立业。那为什么要喝酒呢？曹操此诗中的另一句话作了解释，那就是"何以解忧，唯有杜康"。曹操告诉我们，忧虑是人生的一种不良情绪，阻碍着我们享受人生与建功立业，这话对当下的我们也是深有用处的，时刻告诫着我们要避免忧虑，而一旦产生了，则要尽快地让忧虑烟消云散。

那么，如何做到告别忧虑、笑谈人生呢？以下是几条小小的建议，希望能给你带来些许帮助。

## 最重要的是今天

不要为昨日的痛苦悔恨，进而失去现在的心情。何必为莫名的忧虑而惶惶不可终日？曾经的既然一去不返，再怎么悔恨也是无济于事，未来又是可望而不可及，再怎么忧虑也只能是空伤悲。但是今日心、今日事和相伴的人却是可以触及的，要用心感受你就会感觉现如今的美好，不要在空叹中让今日成为明日的悔恨。当然，过去的美好时光可以回顾，但过去的永远不会重来，我们要学会有所选择地回望人生中的风景，那样才会愉悦我们的心情。未来可以憧憬，也可以通过努力去创造，但未来再美好也毕竟只是个未知数。因此过去已不能挽回，未来尚无把握，唯有现在才是最实在的。

## 不必过于计较别人的评价

人不会十全十美，更不会得到所有人的青睐。很多时候我们会成为别人闲谈的主角，会被赞扬、会被批评、会被误解、会被猜测……很多赞扬言过其实，就像是给我们提出了一个目标，需要我们去达到；很多批评也许只是个人偏见，有则改之，无则加勉；很多误会也许是无意而为，不必太过于放在心上，让时间去解释一切；很多猜测也许只是因为不了解，但是我们没有必要向所有人敞开自己。其实别人的评价重要也不重要，重要的是我们可以反观自己，但是也有可能会因此大大影响我们的心情，这样就不值得再去考虑了。

因此生活中不必太在意别人的评价，要拥有自我潇洒的人生。

## 不要活得太累

生活中真正的劳累不来自肉体，而来自心灵。身体累了，我们只需睡一觉就能神清气爽，然而心累才是真的累。人生在世，不如意十之八九，我们应该学会尝试一二，我们不能保证时时刻刻都保持轻松愉快的情绪，但是我们要有这样的心理准备：无论什么事情、无论什么时候，我们都不要给自己的心制造劳累，该放手时须放手，该解脱自己的时候就放开一切。

## 好心境由自己创造

我们无法去改变别人的思想，能改变的只有我们自己的心态。恶劣的生活不是因为别人的错误，而在于自己的心态让心情变得恶劣。让生活变美好的金钥匙不在别人手里，而是掌握在我们自己手中。放弃我们的怨恨和叹息，美好生活就会唾手可得。我们主观上本想好好生活，可是客观上却没有好好地享受，其原因是我们太在意别人的目光。不要用别人的错误惩罚自己，也不要用自己的错误惩罚自己。

## 别总是自己跟自己过不去

世界上最大的敌人是自己，没有什么人能够真正阻挡我们前行的路，多半是我们自己绊住了自己。我们要学会爱自己、欣赏自己、自信地看待自己。很多人的不开心、不愉快不是别人给的，而是我们自己给自己的，所以我们要学会自己爱自己。当所有人不喜欢我们的时候，我们要自己喜欢自己。做自己的好朋友，才能过得开心。

## 不妨暂时丢开烦心事

烦恼是不速之客，何时何地都有可能来，但是我们不一定时时刻刻都能准备好处理烦恼的心情，这个时候不妨暂且放手，不妨转移注意力，也许等你再回来的时候，烦恼早就烟消云散了。生活需要无为而治，需要暂时地逃避和忽略。

## 不要做欲望的奴隶

人们总讥讽"鱼儿上钩"，总叹息"飞蛾扑火"，总笑话别人"自陷泥潭"。但是仔细想一想，在我们生活的周围，这种欲望的悲剧还少吗？人心不足蛇吞象。放纵自己灵魂的人，最终会失去真正的自由。必须时刻警惕不良的欲望。

## 多用善眼看世界

水至清则无鱼，人至察则无徒。我们要学会用善意的眼光去看待这个世界和他人；我们要多发现世界美好的地方，多欣赏世界光彩的一面。同时，我们要多看别人的优点，多去发现别人的长处，只有这样，我们才能觉得一切都是美好的。不要过多地抱怨这个世界，不要总是对别人指指点点，保持对自己以外的一切事情的善良，自己才能更开心快乐。

## 福中有祸， 祸中有福

不要被一时之得失冲昏头脑，也别一味陶醉于暂时的胜利，一定要学会居安思危，切莫居功自傲、洋洋得意。陶醉于胜利之中，意味着驻足停顿；陶醉于胜利之中，意味着失去警惕。人生路上要永不松懈，胜利仅仅是一个小小的路标。要取得最后的胜利，你只有努力、努力、再努力。

## 幸福是一种感觉

幸福是一种感觉，很多时候无关物质和名利。我们舍其一生追求那些所谓的幸福，很多时候我们发现我们得到的越多越不幸福，反而要时常倒回去寻找那时候的幸福。其实幸福真的只是一种感觉，多少人在追求幸福的路上迷失了自我，幸福其实就在身边，就在亲人的那一句关怀里，就在爱人的那一个微笑里……

**心灵秘籍**

不论你是否忧虑,世界还是那个样子,明天早上太阳还是会如期升起,既然如此,何不放下忧虑,开开心心地去迎接每一天、每一次挑战?

# 不让抑郁泛滥

抑郁,以情绪低落为主要特征,表现为闷闷不乐或悲痛欲绝。一般来说,抑郁会持续两周以上的时间,并且伴随着诸多颓废症状,这对于目前快节奏下的年轻人来说,可以说是影响巨大的,可偏偏职场的种种又让我们经常患上抑郁,那么如何调节自身情绪、远离抑郁,就成了我们需要重点关注的一个课题。

俗话说,人生不如意十有八九。当今社会抑郁症患者越来越多,很多人总是生活在压抑之中,究其原因就是 3 个字——"想不开"。看到别人总是得到的比我们多,我们想不开;看到自己住的房子依然那么小,我们想不开;一不小心被老板无缘无故地训了一顿,我们想不开;好好的太阳高照,突然下起了瓢泼大雨,我们又想不开……生活中总是有那么多事情发生,又总是有很多事情让我们想不开,让我们不知所措,于是抑郁也就随之而来了。

有这样一个人,他独自坐在偌大的广场的高高看台正中央。单调的身影、孤独的表情、不动的姿态,活脱脱一个人,形孤影单。

晨练的时间已过,毒辣的阳光开始显现出来。没风,更没有一丝的清凉，他静静地把影子留在了自己的前面，前方不远的足球场上，还有几个不怕晒的毛头小子正在汗流浃背地踢着球。可能是晒得久了，他稍微挪动了一下，不然的话，真像一尊雕像，是人们所熟悉的"思想者"。

思想者是抑郁的，因为他总是陷入自己的世界里无法自拔，因为除了自己，他拒绝了整个世界，他看不到花开、闻不到花香、听不见鸟鸣……生命于是变得单调无聊起来，心情会变得很差。

抑郁是一种非常糟糕的心理状态，当我们被抑郁缠绕的时候，我们会不自觉地给这个世界涂抹上灰黑色。我们总是觉得这个世界是灰色的，人生也是没有任何意义和色彩的。我们会觉得周围所有的人和事都在和我们作对，都是我们的敌人，很多人似乎生来就是为了对付我们。越来越觉得难以呼吸，越来越觉得活着没有任何意义，于是我们就对世界失去了兴趣，甚至想结束自己的生命。

产生抑郁的原因是多方面的。客观地讲，每个人的人生都不可能是一帆风顺的。对于大多数人来说，能够抵御和承受，能够面对现实，同时听得进外来因素的劝解。工作上的事情、家庭里的问题、天灾人祸的袭击，考量着一个人的承受能力。有些人挺住了，有些人被击倒了，当然，还有的是多重的夹击，这些都是产生抑郁的种种因素。

这就是说，人的承受能力是摆在首位的。但往往内秀型、少言寡语型、文质型、钻牛角尖儿型、怀疑型，是生成抑郁的前提。在当今社会，人际关系较为复杂的情况下，抑郁症较前呈上升趋势。有困难，过问的人少，爱面子，不想对人谈，掩隐私，事情闷在心里，久而久之抑郁便逐渐产生。

命运对于每个人，绝对是不一样的。即使是打小的发小，走着走着就分岔了，想得到的得不到，不想得的得到了；原先喜欢的现在不喜欢，原先不喜欢的现在喜欢，这就是生活，这就是日子。纵比气死人，横比还可以,往上看不可攀,往下看心能宽。

俗话说得好,好马不吃回头草,千金难买后悔药。为过去做错的事、说错的话、错过的机会而抑郁,更是得不偿失。开弓没有回头箭,时光一去不复还。过去的就叫它过去,再去后悔、指责都没有任何的意义,除非你能让时光倒流。汲取的只是经验和教训,想到的只是下一步走向哪里,怎样让下一箭射得更好。只有告别过去,才能走向新生。

为未来而抑郁更是天下最大的滑稽。没有人能真正透视未来,谁也不知道自己的下一步会在哪里。只是看你努力不努力、机会是不是与你巧遇。模糊的理想、中长期计划、短期目标、巧妙的战略战术就是一个个阶梯,只要你努力,只要有了奋斗的过程,未来的天空,我们大可不必为它着急,踏踏实实走好每一步,享受过程更是一种美丽。

多说些开心的事,多想些知足的事,把复杂的问题想简单一些,那些传说中的一语惊醒梦中人的事儿,也许就会出现,而这些常常就在坚持一下的努力之中。

当你真的陷入抑郁无法自拔的时候,要懂得自己进行自我剖析,试图用最真实的方式找到自己的人生。

抑郁情绪人皆有之,人生多是不平路,很少有人可以始终顺利的到达彼岸。但即便是这样,我们要要努力从这种消极情绪中解脱出来。这个世界上没有人会一帆风顺,但也没有人会永远倒霉。只要我们能让心敞亮起来,即便是在漆黑的夜里,也会有上帝也会恩赐你无限的希望,而这种希望必将如一盏明灯伴你直到天明。

# 平衡生活，和谐人生

哲学家告诉我们，人类生活中最主要的内容之一，就是要在不平衡中寻求平衡。没有一定的平衡，物类、组织、结构都无法存在。

记得一位杂技演员曾经这样说过："杂技，千锤百炼寻求的就是'平衡'二字，得平衡，就得其精髓。"细细想来，耍盘子、踩钢丝、飞车走壁等，无不是在求其平衡。

在通过独木桥的时候，我们只要掌握好了平衡，就一定会安全地过去，否则，就有被摔伤的危险。

我们的身体就是一个平衡的组合：我们有两只眼睛，全是平行的，所以应当平等地看人；有两只耳朵，是左右并列的，所以不可偏信一面之词；人的鼻端共有两个孔，所以我们不能随着别人一个鼻孔出气；人有一条舌头，所以不能说两面话；人虽然只有一个心，但有左右两个心房，所以做事不但要为自己想，还要为别人想；人有两只手，既要能拿得来，又要能送得出；人有两条腿，就是能进能退、能前能后。

如果我们把眼光放开来看：世界关系要平衡、生态环境要平衡、经济建设要平衡、社会发展要平衡、四肢发育要平衡、饮食结构要平衡、婆媳关系要平衡、家庭工作要平衡、收入支出要平衡、人际关系要平衡、心理生理要平衡、物质精神要平衡、娱乐休息要平衡……平衡，无处不在，举目皆是。

我们的日常生活中，处处都存在着不平衡，我们必须努力地、尽可能地去寻求平衡。否则，我们就会生活得不快、不开心、不顺利，甚至还会很烦恼、很苦闷、很痛苦。

当我们无法用自己的能力或是实力获得平衡时，就不妨试试心理上的、精神的方法，也就是换一个思路、换一个角度去生活。因为你总不能把自己永远放在权力、金钱、物质的天平上，与他人寻求平衡，把自己悬空架在抱怨、愤恨、痛苦的天平上。为什么不换一个自己有优势的天平呢？这就要求我们有的时候需要有一点"阿Q精神"。

生活中，有些人经常会抱怨命运的不公：为什么上苍不能给自己一个完美的人生？因此，为自己找个平衡吧，只有这样，你才能度过一个轻松、快乐的人生。

人，不能过于理想主义、完美主义，因为世间根本就不会有绝对的公平，就像我们的10个手指头一样，永远都不会一样齐；又如一碗水，是无法端平的。所以应该保持一个平和的心态。这样对自己、对他人都是有好处的。何乐而不为呢？

如果你没有美丽的容颜，就做一个心地善良的人，要知道，心灵美才是世上永不褪色的娇艳。

如果你不能功成名就，如果你不能大富大贵，就想想平平淡淡才是真。

如果你在人生路上摔了一跤，千万不要气馁，要记住，失败乃成功之母。不经挫折，哪有收获的喜悦？不经风雨，哪能见到最漂亮的彩虹？鼓足勇气，跌倒了再爬起来，因为前方的路还很长，需要你走出精彩，踏出辉煌。

如果你遇到不可逃避的痛，就应该正视痛苦，面对现实，做一个坚强的人。

如果因跟别人吵架而生气时，你要多想想，是不是自己也有不对的地方？别忘了：原谅别人，其实就是快乐自己。

如果你每天都在忙忙碌碌，请不要把辛苦看成命苦，因为只有这样的生活才是最真实、最充实的。

人生既有五颜六色的精彩，又有酸甜苦辣的品味。

有的人大张旗鼓，有的人默默无闻；

有的人轰轰烈烈，有的人平平淡淡；

有的人绞尽脑汁，有的人潇洒快活；

有的人浪潮翻滚，有的人平静如水。

当今社会，是一个充满竞争的社会，大则权势之争、地位之争，小则岗位之争。有些人为了自己的功名利禄费尽心机，不择手段，争来争去，争个你死我活、鱼死网破，怎能不累啊？

一个喜欢平静的人，他的人生追求就是：与世无争，做一个自由、轻松、快乐的人。有时候他会庆幸自己没有任何的社会关系，在单位的竞岗竞编中，不去指望什么而身心疲惫，这样他就可以泰然处之，他会想：只要自己踏踏实实、兢兢业业就够了，管它明天能否站在今天的岗位上，管它明天是否还能占上一个岗位，这些扰人的烦恼和困惑都与他无关。因为他付出了、努力了，不管结局怎样，他都无怨无悔。或许这也是他的一种自我解脱、精神胜利法吧。

人生在世，其实真的很不容易，干嘛把自己搞得那么累，上帝在造人的时候，不可能让你一个十全十美。有的人很相信这句话，所以他们会时刻给自己找个平衡，正因为有一颗平和的心态，所以他们是心理健康而且快乐的人。

所以，不管生活对你是否公平，不管现实与你的努力是否相符，还是多为自己找找平衡吧。

生活在这个世界上，我们应该闻赞而不喜，闻谤而不忧，毁誉不动，内外一如，名出世间。

**心灵秘籍**

始终保持心灵的平衡是一种良好的人生态度，是一种超脱的人生境界。面对生活中的起起伏伏,也许我们会难以应付,以致出现心灵的失衡,一时间甚至会迷失自我,这个时候,我们要适当地暗示自己、提醒自己、找回自我,找到心灵的平衡点,这样才能更好地调节好我们的情绪。同时,我们要有应对各种人生变化的心理准备,世界不会因你而变,更不会因你而始终保持原来的样子。在人生的浮浮沉沉之中,我们能把握的只有自己,所以无论风平浪静还是惊涛骇浪,保持自我内心的平衡,才能更好地在人生的大海中前行得更加平稳。

# 拒绝心理疲劳

所谓心理疲劳,它与因连续工作而致使肌体能量消耗的生理疲劳不同,它是指人长期从事一些单调、机械的工作活动,伴随着肌体生化方面的变化,中枢局部神经细胞由于持续紧张而出现抑制,致使人对工作对生活的热情和兴趣明显降低,直至产生厌倦情绪。心理疲劳常常带有主观体验的性质,并不完全是客观生理指标变化的反映。

人真正的疲劳有时候并不来自肉体,如果累了,我们可以安心地睡一觉,你会立刻觉得神清气爽,但是来自心理的疲劳远没有我们想象的那么容易处理。心理疲劳已然成为现代人的"隐形杀手",它的危害超出了我们的想象,会对我们的身心造成严重的影响,如紧张不安、动作失调、失眠多梦、注意力涣散、记忆力减退、工作效率下降等,以及引起诸多偏头痛、荨麻疹、高血压、缺血性心脏病、支气管哮喘、消化性溃疡、月经失调、性欲减退等疾病。

我们身处一个充满竞争和压力的社会,当进入一家新公司或开始从事一份新工作的时候，我们总是信心满满、干劲十足，渴望作出一番大事业。但随着时间的推移，工作越来越久，各种各样的问题开始逐渐浮出水面，同事间竞争越来越大，压力也就开始随之加剧，很容易导致身体和心理上的共同疲劳，慢慢地，工作瓶颈也开始出现了，心理逐渐变得倦怠，原本良好、向上的职业心态在工作中开始被磨损、破坏，变得疲劳。

这种心理疲劳，很容易出现在职场中长时间打拼过的人身上，主要表现为不爱工作、早上起不来、迟到次数增多、办公时心情烦躁、注意力难以集中、反应迟缓、思维迟钝、健忘等。有调查显示，由于职场女性的压力与男性相差无几，其所担负的社会、家庭责任和压力却比男性大，所以面对压力时，女性更容易表现出心理疲劳的症状。

处于心理疲劳期的人，常常会表现出一副无精打采、死气沉沉的样子，这样不仅自己的工作效率变得低下，还会影响办公室正常的工作氛围。所以，患上"心理疲劳征"或者有类似苗头的朋友不妨学着进行适当自我调适，最大程度上降低心理疲劳造成的一些不良影响，使自己赶走坏心情，以快乐的心情去迎接工作上的挑战。以下一些方法值得借鉴：

### 1. 提高自己的素养，从根源避免心理疲劳

很多时候心理疲劳不是来自外界，而是单纯地来自我们自身。人生当中的很多烦恼其实并非真的就是烦恼，很多时候是我们的包容性不够，是我们的心胸不够宽广，所以很多时候，些许的风吹草动就可能会影响我们的情绪。所以我们要加强内心的修养，做一个虚怀若谷的人，包容世界的林林总总。

### 2. 给自己的办公环境换一个造型

办公室的环境，一般来说除了创意产业，例如广告公司、时尚杂志社等，都是比较严肃的，常常给人明显的压力感，长时间在这样的环境

中工作，就会很容易感觉枯燥、乏味，心理疲劳便油然而生。如果稍稍布置一下周围的办公环境，使自己置身于一个温馨、惬意的环境中，心情自然会好很多，工作产生的压力也就大大降低了。

**3. 向身边的朋友倾诉**

如果你将心中的苦闷和烦恼一直放在心里，那么心理疲劳的状况只能越来越严重，直至变成恶性循环。而通过适度、恰当地倾诉，可以将工作中的压力逐步转化出去，从而重新唤起你奋进的勇气与决心。不要埋怨没有时间联系朋友、没有时间好好地聊一聊，利用下班路上坐车的十几分钟时间打个电话倾诉一下，也能让心情变得大不一样。

**4. 属于自己的休闲时间决不能少**

无论你所从事的工作属于哪个行业，必须保证每周至少有一天的休息时间。如果只是偶尔地连着两个星期加班倒无伤大雅，但长此以往，心理疲劳势必会越来越重。在休息的时候，无论是一个人看书、上网、玩游戏，还是和好友们逛街聊天，都是对身心疲劳的一种缓解，使自己从繁忙的工作中暂时地脱离一段时间，让压力无法继续，从而得到释放和舒缓。

**5. 正常的生活规律要保持**

首先，进餐时间要规律化。有规律地进餐，可以使身体经常处于正常的新陈代谢状态，不要总吃方便面和其他速食，那会使你优先安排工作的时间，毕竟那些东西什么时候吃都有，尽可能去食堂或按时间供应饭菜的地方吃饭，以保证自己可以规律进餐。

其次是多锻炼。身体健康的人应当定期进行一些体育活动，譬如慢跑、游泳、骑自行车、散步等。锻炼除了使你保持一个健康的身体之外，还可以使人工作起来更自信，碰到困难时更加从容不迫。此外，黄昏时锻炼身体还可以使你更快地进入梦乡。

此外就是要多睡觉。精神疲劳的一个重要原因就是睡眠不足。感到心理疲劳的人每天应当多增加一个小时的睡眠。每个人的睡眠需要是不同的，所以要根据自己的情况，找出最适合自己的固定睡眠时间，另外，如果工作条件允许的话，适当的午休也是很好的放松休息方式。

### 6. 把握精力高峰期

有的人上午生气勃勃，有的人晚间精力充沛，更换一下自己的工作时段，通过比较找出自己的精力高峰期，恰当地安排好自己的作息时间，是一个提高效率、增强自信、保持良好的精神状态的重要途径。

过度的心理疲劳，无异于生命的透支。要像治疗疾病一样尽早发现尽早治疗，使自己的身心始终保持在一个良好的状态下，你的工作才会顺利，事业才会辉煌。

# 战胜心中的怒火

俗话说：我佛也作狮子吼。是说修养再好、脾气再好的人也有被激怒的时候，由此可见，生气愤怒实在是人之常情。然而我们经常却被规劝道：不要冲动，三思而后行。而因愤怒冲动造成不良后果的事例也比比皆是。所以，生气是不可避免的，但是我们要战胜心中的怒火，平心静气地去思考，冷静地作出最终的决定。

愤怒是一种极具毁灭力量的情绪，它不仅能够摧毁你的健康，还会扰乱你的思考，给你的工作和事业带来不良的影响。林肯的处世方法又告诉我们，反击回去或发泄给别人不是什么上策，所以，我们只能自己

想办法消除心中的不满,或是把它转化成一种力量。

那么,我们应该怎么做来战胜心中的怒火呢? 我们先来看一下下面这个故事:

某人有一个特殊习惯,每次与人生气,必绕着自己的房子和土地跑3圈。年轻时还好,精力充沛,即便再跑几圈也无妨。后来,他的房子越盖越大,土地也越来越多,到了年迈之时,这显然已经成为一项剧烈运动了。不过,该人依旧坚持着自己的特殊习惯。

一次,他手拄拐杖,一直绕到日已西沉还没绕完,孙子担心他的身体,就一直跟在后面。终于,孙子忍不住问道:"爷爷,您每次一生气就绕着房子和土地跑,这是为什么呢?"

该人回答:"年轻时,我一与人发生争执就绕着房子和土地跑3圈,一边跑一边想:我的房子和土地这么小、这么少,怎么还有时间生气呢? 还不抓紧致富。想到这里,我的气自然就消了。而老了以后,我一边跑一边会想:我现在拥有这么大的房子、这么多的土地,又何必与人斤斤计较呢? 想到这里,我的气又消了。"

从这个故事我们可以看出,要控制住愤怒也不是没有办法的。具体地说,我们可以采取以下方法来控制自己的愤怒:

1. 通过意志力控制愤怒,使愤怒情绪少产生,或有愤怒不发作。

2. 努力控制自己的情绪,愤怒的时候多想想盛怒之下失去理智可能引起的不良后果。

3. 不断地提醒自己不要发怒,这样可以起到控制愤怒的作用。

4. 将心中的愤懑、不平向人倾诉,从亲朋好友处得到规劝和安慰,可以缓解怒气。

5. 向使自己愤怒的人说明自己的不满、说出自己的意见,使矛盾得到调和,不满得到消除。

6. 尽量避免接触使自己发怒的环境，减少愤怒情绪，或者在即将发怒的时候通过转移注意力而减轻愤怒。

7. 尽快离开产生怒火的环境，避免进一步的刺激，使愤怒情绪消退。

8. 身体上的伤口和心灵上的伤口一样都是难以恢复的，控制自己，笑对你的朋友，他们会是你最大的财富。

以下是一些制怒的方法，以供参考：

### 1. 克制

研究表明，怒火的强度从产生开始是一个递减的对数函数曲线，从一开始的最大到很快地衰减，最后慢慢地平息。如果可以克制最开始的怒火，避免在怒气值最大的时候爆发，很多时候你就可以很轻易地控制住自己的情绪。因此，当你在感受到不公平的对待或者遇到很气愤的事情的时候，首先要做的就是保持自己的冷静，延迟一下自己动怒的时间，从而使自己的怒火尽快地走过高峰期，而一旦到达情绪的平和期的时候，你就会很轻松地控制自己的情绪。俄国文学家屠格涅夫曾劝告情绪容易激动的人："在开口之前，先把舌头在嘴里转个圈。"动怒之时不讲话，确实是缓和激情、冷却头脑的一个有效的方法。

### 2. 转移

当我们心情郁闷的时候，有人会劝我们转移注意力，到别的地方看一看，去做点儿别的事情，那么你的心情就会更快地得到恢复，这种方法就是转移注意力，对控制怒火很有效。让自己养成一种习惯，每当要愤怒的时候，就试着换一种思考的方式，比如反着思考，检查一下自己是否真的愤怒得正确，或者对方是否真的值得自己如此愤怒。转移了自己的注意力，使自己的怒火得到了削减，即使在思考之后你还是认为自己有愤怒的原因，你也有足够的冷静来劝自己"发怒对自己造成的伤害更大"，从而避免动怒。

### 3. 提醒

发怒的时候要提醒自己，每个人都有自己的见解，你若想强迫对方改变他的观点，只会延长你发怒的时间而已，为何不允许他人有自己的选择呢？正如你有自己的选择一样，有时光靠自己内在的努力还难以奏效，这时就需要得到外界的提醒和帮助。相传林则徐每到一地，都要在房间的墙壁上贴上"制怒"二字，目的就是提醒自己戒除好发火的脾气。应该记住：不要苛求任何人都赞同你的意见与行为。

### 4. 发泄

有时候，怒气确实膨胀起来，控制不住，那你就应设想把它发泄出来，但切记不能伤及他人。你可以找你的知己，尽情地倾诉你的苦衷；你还可以找一个空旷的地方，用力喊出你想要讲的话，或跑个长跑，跑得满头大汗，让你的怒气随汗水一起流淌，然后用温水舒舒服服地洗个澡。

在日本松下电器公司所属的各个企业，都设有"出气室"。牢骚满腹的工人走进"出气室"，可拿起木棍，尽情对准安放在那里的象征着经理、老板的橡皮塑像揍个痛快，然后还可进入"恳谈室"，将心中的不快尽情倾吐。

一位名叫阿柏拉德的哲学家说过这样的话："火气甚大，容易引起愤怒的烦扰，是一种恶习而使心灵向着那不正当的事情。"

处在新世纪不断迎接挑战的人们，掌握一些制怒与泄怒的艺术，将对于生活与工作大有裨益。

### 心灵秘籍

每个人都有自己想听的和想要的，当你感到别人对待你的态度不是你想要的，甚至是恶意对你的时候，请不要马上愤怒，告诉自己要尽量保持冷静，压住自己心头的怒火。如果你确定自己在接下来一定会暴怒，那么你最好的选择就是迅速离开现场或者做别的事情来转移注意力。如果你必须要发泄出来，那么切记不能伤及他人。

# 让悲伤不再停留

喜怒哀乐，人之常情。人生在世，不可能事事如意，总会或多或少地遇到或大或小的伤心的事情，于是，悲伤占据了我们的心扉，主导了我们的情绪，那么接下来我们应该怎么做呢？

有这样一个故事。

又是一个绵长的夜，她凌晨醒来，再也不愿睡去。她想起来一些事情，很多很多。

她突然想倾诉，却找不到一个可以诉说的人，只好在微博打下这一段话。

"一滴眼泪落下来有多大的重量？我只知道，伤痛过后慢慢愈合的口子会结出无法磨灭的疤痕。从此就带着它，走着、看着、想着，再也不认识完整的快乐。必须坚强，让人看到很完整的一个人，会说、会笑、会吵闹。永远不懂他心底的沉重和哀伤。"

很快就看到一个回复，来自陌生人。他说，乐观是一种完美的生活态度，如果你拥有这种态度，遇到的困难、挫折就不算什么！

陌生的气息，却很温暖。她想，也许很多时候我们感觉生活不那么美好就是因为缺乏乐观的态度，跌跌撞撞、颠沛流离的年月总不会太长，没有人会幸运到老，也没有人会落魄一世。物极必反，否极泰来。

只要心怀希望，便不会悲伤。她懂得，从此要好好地生活。

从这个小故事可以看到，人，有的时候甚至只是一两个午夜梦醒的想法就会让你深深地坠入悲伤的深渊，迷茫彷徨；有的时候，又甚至只需要一个陌生人的轻轻的点醒，你又会重新回复正常，告别悲伤。

幸运的人在悲伤的时候有人劝慰、有人棒喝，但是，你一定每次都是那个幸运儿吗？答案是否定的，如果想悲伤的时候总有一个点醒你的人在身旁，那么那个点醒你的人只能是你自己。

谁也无法阻挡悲伤的到来，但是我们可以决定悲伤的去留。当我们悲泣的时候，我们可以纵容自己宣泄，但是我们更需要适可而止地让自己改变心情，让悲伤走入记忆的深处，不再停留。我们要有一颗充满希望的心，一个奋发向上的心，在自己悲伤的时候，让自己快速走出，用幸福开朗的心迎接新的朝阳。

人说时间是最强大的武器，任何情绪在时间面前都只是儿戏，时间可以冲刷一切，过去的无论快乐悲伤都将被时间冲洗得了无痕迹。也就是说，我们当下的悲伤随着时间的推移必将离开我们的脑海，远离我们的生活，梦想的破灭、亲人的逝去、爱人的远离……未来的你只会将之作为回忆的一部分，仅此而已，甚至有些连在回忆里的一席之地都没有。

但是，时间的推移究竟是多久？有的人是一天，有的人是一个月，有的人是一年，还有的人居然是一辈子……那么，既然悲伤只是一时的情绪，我们终究还是要向其说再见的，那么我们何不拒绝悲伤的停留，让自己早日走出伤感，重新去谱写自己新的篇章？

不让悲伤停留，就是重新拾起快乐。以下几个方法值得借鉴：

**1. 要想得开、放得下，还得忍得住**

在单位里，与上司、下属相处也好，与同事相处也好，各种各样的矛盾和问题无非集中在地位、工资奖金、名誉上，只要在这些矛盾和问题上想开，坚持豁达的精神，不要什么都去计较、什么都去比较，那就什么懊恼也都没有了，更不会有什么悲伤的事情。工作是人谋生的手段，因为工作的事情而悲伤最为不智，想开一些，放开一下，一切都是风轻云淡。

**2. 亲近自然**

有人说：生活中至少有一半的美丽来自自然。现在高楼伫立的城市，使我们离大自然太远。当你心中有了些许感伤的时候，记得约上自己的朋友，或者自己骑上自行车，到那些令你魂牵梦萦而又阔别许久的大自然里去看看吧。嫩绿的树枝、清凉的溪流，那些大自然的美好将轻易地洗去你心中的忧伤。

**3. 亲近朋友，分担悲哀**

有人说将欢乐分享给朋友，欢乐将被复制为两份，而将悲伤分担给朋友，伤感将会变成原先的一半甚至更少。所以，当你在生活或者工作中遇到伤心事的时候，去找亲爱的朋友分享一下，宣泄一下自己的不良情绪，朋友不会因为你的倾诉而失去什么，但是你的心却定会因此而变得轻松起来。

**4. 亲近音乐，舒缓心情**

当你碰到不开心的事、听到不好的消息，听听音乐，特别是轻音乐和那种轻松的、抒情的音乐，心情便会变得轻松起来。有的时候也可以试着去唱唱歌，唱歌也是一种很好的发泄方式，心中的悲伤通过歌声的倾吐可以迅速地降低，从而可以轻松地告别悲伤，重新开始。

**5. 参加适合自己的健身活动，放开胸怀**

终日在电脑前工作，我们需要通过运动来保持身体的健康，在健身之余，我们还能在汗水流下的同时宣泄自己的不良情绪。有人说，疲劳不会长久，悲伤不能永驻。健身运动之后得到恢复的不仅仅是我们的躯体，还有我们的心灵。

人生短暂，按照佛家的说法只不过是弹指一瞬间而已。因此，我们真的没有时间耽搁在悲伤上，需要我们去做的事情、等待我们去呵护的人就在明天，或许就在下一刻。所以不要让悲伤停留，不要被伤感羁绊，开心、快乐地面对明天、面对人生。


# 快乐就在前方

记得有一首歌曲，歌名好像是《开始懂了》，里面有一句歌词是"快乐是选择"，是的，快乐就在前方，只要你选择了它，你就有了快乐。

经常有人发问：快乐到底是什么？有人是这么回答的：快乐并不是拥有得多，而是计较得少。你计较的同时也拒绝了快乐，同样，你拒绝贪婪的同时，也选择了快乐。

不少人因为贪婪而失去了生命的快乐。许多贪官明知道这样做会失去生命，但在金钱来临时，钱比命更有价值，所以人生要有所取但也必须有所放弃，或许有时你放弃了一点，结果反而会得到更多，就如同一块雕塑，只有狠下心去掉多余的部分，才能雕琢成完美的雕塑。所有人都渴望快乐、追求快乐，但人们往往在行动中反而忽略了快乐。

快乐是一种心境、一种释放重担后的轻松、一种顿悟后的豁然开朗、一种追求梦想时的激情。人生在世，必须经历各种各样的苦痛折磨，我们没必要将苦处放大，也没必要怨天尤人。当我们放下心的负累轻装上阵，清心寡欲、简单追求的时候，快乐油然而生。这时候，你会发现天蓝地绿、风吹鸟唱，世界非常美好，快乐就在身边。

在生活中，我们很多的不快乐其实都源于自己的负担过重，就好比一幢大楼，如果装的东西太多，那么自由活动的空间就会变得有限。心灵也是如此，如果负担过多，自由的空间也会减少。所以，我们应该学会卸担子，让自己获得心灵的自由、获得快乐。无论是自己还是别人，都不必太放在心上；无论是事业还是家庭，都不必斤斤计较；无论是成功与失败，也都不必太在乎；时光匆匆，历史长河中的一点儿得失算得了什么呢？历代的开国皇帝在历史上可谓举足轻重，但他们也同样被时间所掩埋，虽然历史记着，但同样有错有爱，何况我们如此渺小呢？无天无地大自在，笑弄风云平常心。快乐就在那里，放下即快乐。

我们只是尘世中的一只蚂蚁，和千千万万的人一样拥有相同的生命而已，没必要攀比、没必要彷徨，也没必要自暴自弃。有这样一个故事。

一个人总觉得自己很不快乐，并为了寻找快乐四处奔波。一天，这个人来到一个集市上，看见一个乞丐，他脸上虽然很脏，但是挂着自得的笑。这个人觉得奇怪，看他整日衣不蔽体、食不果腹的样子，有什么值得他高兴的呢？便好奇地问其原因。乞丐说："我有什么不高兴的呢？今天我讨到了吃的，没有被饿死啊！"原来他竟为活着而高兴，此人被深深震撼了。是啊，既然活着就应该开心，和那些已然到另一个世界的人相比，最起码我们还能笑看日出日落，品味酸甜苦辣。快乐原来如此简单。活着就是最大的快乐，有什么比拥有生命更重要的呢？

人云："知足常乐。"快乐就在眼前，简单即快乐。

人都有梦想，或大或小、或近或远，都是我们所努力奋斗的对象。为理想奋斗的过程，可以说是世界上最快乐的事情。德国文学家歌德曾说过享受自己正在做或者已经做好的事情的人是快乐的。相信这句话会得到众多奋发有为的青年人的赞同。有的时候我们踯躅于街角、彷徨在路口、流连在网吧，甚至无聊得去网恋，那只是因为我们缺乏一个理想的目标。因此，我们应该行动起来，找回我们曾经的理想，然后为之奋斗，记住，快乐就在前方，追求就是我们的快乐。

葛朗台是一个众所周知的小说人物，吝啬的他到死也只有金钱与之相伴，可谓孤独寂寞至极。虽然他比很多人都有钱，但是比大部分人都不快乐。这是为什么？是因为他不懂得奉献的快乐，一味地索取是不能带来快乐的。

有一个富翁背着许多金银珠宝到远处去寻找快乐，可走过了千山万水却未找到快乐，他沮丧地坐在山道旁。这时，有个农夫背着一大捆柴，笑嘻嘻地从山上走下来，富翁问道："我是一个令人羡慕的富翁，为何没有快乐呢？"农夫放下背上沉甸甸的柴，舒心地揩着汗水说："快乐很简单啊，放下身上的重担给需要的人以帮助就是快乐！"富翁听了后，就用身上的珠宝接济穷人，慈悲为怀，不仅得到了别人的尊重，也因为自己的接济使别人快乐而快乐了自己，所以，他得出了一个结论：人生没必要将钱看得太重，要乐于奉献，懂得奉献的人才会快乐。

快乐是一种获得，不仅仅是物质上的，更是精神上的。然而，它又是通过物质来表现的，其意义又超越物质本身，升华到精神的高度。所以，应该说它是一种触及人的根本的灵性的事物，它是一种超脱。快乐更是一种精神，一种对事物抱有希望的精神，快乐的人自信与乐观，因此他们快乐。正因为他们快乐，所以才自始至终地乐观，充满了希望。

人的一生，自始至终贯穿着各种各样的情绪，我们不能被郁闷、悲观等消极情绪所左右，而是要奋发向上，努力去追求快乐。

因此我们要在生活中寻找快乐。记住让我们快乐的事，忘记让我们悲伤的事。记住，快乐就在你眼前，关键是你如何选择。

 心灵秘籍

或许我们正饥肠辘辘，但是我们心中可以有让我们前进的动力；或许我们疲惫不堪，但是我们心中应当有让自己站直的理由；或许我们面临各种挫折，但是我们应当有让自己微笑的原因，那就是我们选择的快乐。

# 第五章

# 举重若轻，减少压力
## ——压力来的时候不妨拿出乐观的盾牌

　　生活中难免会有压力，在竞争日益激烈的现代化社会，压力如影随形。但是压力会破坏我们的幸福生活，像是一个不经意的陷阱，将我们拉入痛苦的深渊。所以我们必须要能释放压力、消除压力、转化压力，只有这样，我们才能更好地工作和学习。

# 正确认识压力

压力有两种：精神方面的压力和物理方面的压力，精神方面的压力指的是心理压力和心理压力反应共同构成的一种认知和行为的体验过程。

作为一个人，我们无法逃避压力的"袭击"，它总是以各种各样的形式"围绕"在你的周围，包括：生理性压力、化学性压力、心理压力、情感压力、创伤性压力等。其中的心理压力在人的生活中显得尤为突出，也相当复杂。

历史的车轮迈进 21 世纪，社会飞速发展，快节奏的生活、优胜劣汰的激烈竞争，迫使着我们不断地努力。我们就像现代社会这个大机器上的螺丝钉，为了紧跟它而飞速运转，我们的身心都在承受着巨大的负荷，压力感越来越强烈。

压力是看不到、摸不着的，却会经常影响我们的身心健康。所以我们的首要任务是正确认知压力，认识到压力的必然性与必要性，认识到压力的本质是什么，尤其是不仅要认识到它的消极面，还要认识到它的积极面。著名心理学家罗伯尔说得好："压力如同一把刀，它可以为我们所用，也可以把我们割伤。那要看你握住的是刀刃还是刀柄。"压力一方面能促使我们去发挥潜能、表现自我和抒发情感；另一方面可能导致我们自身体力消耗、精神恍惚和心灵冲击，甚至还会带来意外事故与疾病。心理学家告诉我们，无论压力带来的是愉快舒畅还是忧闷烦恼，只要学好疏通生活压力的方法，不断地积极调适压力，我们就更能够享受压力带来的好处，从而得到更加美好快乐的生活。

人在一定的压力下生活是很有必要的，压力可以锤炼意志，使我们不致太脆弱，从而更好地生活。但是，压力过大则绝非好事，超负荷的压力是极其有害的，易导致皮肤干燥粗糙、易怒、筋疲力尽、头痛、高度紧张、失眠、注意力涣散、消化不良、溃疡、高血压、中风、心脏病等，或是因为免疫系统的失调而导致无法抵抗感冒和一般病毒等。

因此，在正确认识压力的同时，必须学会给自己减压，我们可以尝试以下几种方法：

**1. 辨别事情的轻重缓急，做到各个"攻破"**

面对来自各方的压力，你不要操之过急，也不要急于同时处理，要静下心来，将你要做的事情按轻重缓急排序，一步步地解决完成，做到各个"攻破"。但必须注意的是，在给事情排序的时候，事情与事情之间要留有时间空隙，保持弹性，只有这样，才可以避免突发事件导致的危机。有时过分地执著，会给你带来更多的压力，所以处理事情的时候要仔细考虑它的重要程度、完成性质等。

**2. 学会接纳现状，但注意力不要过分集中在压力上**

不要把时间浪费在无法改变的事物上，要学会量力而为。面对压力，也不要一味地感叹、抱怨，过分地在意它，只会强化它对你的不良影响，更多的时候你应该试图努力寻找改善现状的契机。

**3. 舍弃绝对化要求**

心理学认为，绝对化要求是一种不合理的信念，因为它是以自己的意愿为出发点来考虑问题，忽视一切不确定的因素，不顾主客观情况，超越实现的可能性，提出一些不切合实际的要求。有这种不合理的信念的人认为某事物必定会发生或不发生，通常是与"必须"、"应该"等词连在一起。如，"我必须成功"、"我应该做得更好"等，而这些要求一旦不能如愿，就会陷入悲观、苦恼和怨恨的心境，心理压力会随之越来越大，其他方面的压力也会滋生。而且，所谓"己所不欲，勿施于人"，对别人的期望应当切合实际，要容忍别人有不同的价值观和经验，同样，也不要总是活在别人的期待中。必要时不妨把你的需要和这些人讨论，看他们是否愿意接受。如果不愿意接受，那你就应当"另谋高就"了。

### 4. 给自己放个假，及时释放压力

有的人的心理压力很大，大到一踏进教室或者公司、一回到家里就感到心烦意燥。有的人把自己局限在一个跳不出的小圈子里，在那里独自烦躁不安。其实不管怎样，人都应该尽量让自己轻松起来，给自己换一个全新的环境，到郊野户外走走，享受大自然的怀抱，呼吸清新的空气。时常给自己放个假，轻轻松松地过一天，哪怕只是洗个澡，坐在家里看看自己喜欢的书，不时地放松自己，给自己的心一个休息的机会，你会发现，事情往往会变得更加美好。

### 5. 记得倾诉

倾诉是一种自我心理调节术、一种感情的排遣。人人都有难念的经，人不可能逃避压力生活。当心头的苦闷和烦恼郁积，尤其是处于"心理梗塞"时，内心深处超负荷的重压、绝望的窒息是难以名状的，久而久之会损害自己的身心健康。要记得及时地向亲友、同事等倾诉，排淤化结，使受挫的心灵得到平抚，重压之下的身心得以放松，感情的伤口得到愈合。

### 6. 养成健康的生活方式、生活习惯

养成健康的饮食习惯，有助于减轻压力。少吃高脂肪的垃圾食物，否则不但不能增加体内所需的营养，反而会增加胃的负担，使你更疲累。不要酗酒，虽然酒能暂时缓解压力，但无法治本，反而会在接下来造成更大、更多的问题。最好通过多吃新鲜蔬果、全麦和高纤维食物来

保持健康。

要坚持体育锻炼。适度适量的运动不仅能降低体内因压力而产生的肾上腺素、消除压力产生的生理反应，还能强化身体对抗压力的能力。

### 7. 注意休息，补充睡眠

如果压力使你整晚睡不着、失眠，那么白天可以在空余时间休息，哪怕是小睡片刻，也可以达到很好地补充体力的效果。如果有足够的时间，要尽可能补充睡眠，这样可以消除前段时间所累积的疲倦，减轻压力，从而更好地投入到接下来的工作与学习中。

以上介绍了减轻压力的众多方法中的几种，具体操作因人而异，要根据各自的情况加以选择。

压力并不可怕，也不值得"闻压丧胆"。当压力来的时候，你要找到合适的方法去解决它，多给自己更多的空间，多鼓励自己，那么压力就会烟消云散。

压力是不会终结的，关键在于我们要正确地认识压力，并且努力寻求给自己减压的方式方法，以便自己更好地学习、工作、生活。

# 积极运用压力

在我们身边，很多人都痛恨"压力"，因为它的存在，连笑容都带上了一丝忧虑，在孩子玩得最开心的时候，它又会无声无息、不合时宜地来到孩子们的身边，把他们的好心情全都败个精光。然而，最后到了丰收的时候，望着那累累硕果，我们又不得不感谢"压力"，正是它的存在，我们才能将自己的潜力进行充分挖掘。

压力对于每一个人都会有一种很特别的感觉。的确，出于本能，人人都会迫切地想摆脱压力，然而往往都是事与愿违。

压力无处不在，无时不在，并且任何人都无法摆脱。无论你是平凡人还是伟人，每天都要面对压力。压力往往来源于我们对自己的期望值要高于我们现在的能力所在，很多事情需要我们努力甚至奋斗才能达到，也或许很多目标我们压根就达不到，这个时候，我们就会产生巨大的压力，因为我们担心自己会失败。

那么，压力到底是好事还是坏事？

任何事情都有两面性，例如压力，有它消极的一面，自然有它积极的一面。科学家证明，适当的压力能让人始终保持向上的激情，能让人始终对生活和工作存有热情。假设什么事情你都能做到，什么东西你都能得到，那么你会觉得一切都索然无味。

压力带给我们的不仅仅是痛苦和沉重的感觉，它还能激发人的斗志和内在的激情，使我们兴奋，使我们的潜能得到开发。

相信大家都看过下面这个故事：在非洲大草原上，每天早晨，羚羊睁开眼睛所想的第一件事就是："我们必须比跑得最快的狮子跑得还快。否则，我就会被狮子吃掉。"而就在这同一时刻，狮子从梦中醒来，闪现在脑海的第一个念头是："我必须比跑得最快的羚羊快。要不然，我就会饿死。"于是，几乎同时，羚羊和狮子一跃而起，迎着朝阳跑去。生存的压力，使羚羊成了奔跑的"健将"，使狮子成了草原的"猎手"。

日常生活中，虽然我们没有羚羊和狮子那样有关生死的生存压力，但压力也是无处不在的，比如孩子的学习压力无时不在；老师和父母给予的压力，有时会让孩子喘不过气来。但我们要承认，很多时候，这种压力就是激励孩子们不断进步、不断提高的动力。

体育比赛的压力是大家有目共睹的，正是因为压力大，才频繁地有了世界纪录的更迭。企业的工作业绩的压力也是很大的，然而正是有了激励的竞争机制才有了企业的飞速发展，人才也层出不穷。

压力不仅能激发斗志，压力还能创造奇迹。有这么一个故事：有一条非常危险的山路，是人们外出的必经之路，多少年来，从未出过任何事故。原因是，每一个经过的人都必须挑着担子才能通行。可是奇怪的是，人们空着手走尚且很危险的一条狭窄的小路，一边是陡峻的山崖，一边是无底的深渊，而挑着担子反能顺利通过。那是因为挑着担子的人不敢有丝毫的松懈，全部精力和心思都集中在此，所以，多少年来，这里都是安全的。特别在这个交通事故频繁发生的年代，这是多么难得。这就是压力的效应吧。

相反，没有压力的生活则会使人觉得生活没滋没味。

让我们来试想一下，如果不管你学习多么努力，所有的学生都是一样的考分，或者不管你是多么勤奋，所有的员工都是拿一样的工资，那还会有谁愿意继续努力呢？人人就都会混日子，变得越来越懒散，激情也会随之消失殆尽。社会也将会停滞不前。

但压力又不能太大，因为当压力大得让人难以承受的时候，人就会被压垮的。这样的例子也比比皆是。有一个女孩因感觉高考没考好，就没有回家而直接走到江水里。当录取通知书下发时，她已离去很多日子了。因为这次考试是一锤子"买卖"，如果这次没考上，她就永远没有第二次机会了，家长也是总对她这样说，所以她无法承受这样的压力，最终选择了永不面对。

压力不能没有，又不能过大，偏偏压力又无法摆脱。是的，人生就是这样的，充满着矛盾，因此，我们要适当把握压力的度。当我们整日浑浑噩噩、懒懒散散的时候，不妨给自己订一个目标，适当地给自己加压；当我们每天如履薄冰、寝食难安、为了什么事情难以入眠的时候，不妨放松要求，给自己减减压。正所谓，能收能放，张弛有度。

压力有外部和内部两种来源，我们应该还能够把握外部的压力，但是外部的压力常常无法处理。比如工作业绩的完成期限，常常会给我们带来很大的压力感，完不成有时甚至不是我们个人的事，还会影响整个集体，遇到这样的压力真的可以说是进退两难，不能随便逃脱。那又该怎么办呢？每个人都是集体的一分子，要让自己尽可能融入到集体当中去，依靠团体的力量去达成目标，当然自己首先要竭尽全力，这样做了，就能够坦然面对结果了。

压力不会消失，没有压力的人不会体会到人生真正的美好；没有压力的人生也并非是完满的人生，让我们淡然地面对压力，把压力转换为动力，追逐快乐的工作、幸福的人生。

### 心灵秘籍

人生漫漫，总会有荆棘，总会有风浪，但是也总会有平坦和一帆风顺。当压力来的时候，我们要轻松地应对、适时地转化，当我们对眼前的压力无法处理的时候，不妨退一步，给自己减压。压力亦敌亦友，让我们正确驾驭压力，让人生更加美好。

# 不要让竞争淹没了你

当今社会是一个快速发展的社会，知识快速更新，信息快速更迭，与之相对应的人才也在迅速地淘汰。这是一个充满竞争的快节奏时代，淘汰的紧箍咒紧紧地套在年轻人的脑门上，人们脑子里想的都是如何保持先进，避免被淘汰，始终在竞争中脱颖而出。那么，到底怎么做才不会在竞争的大潮中被淹没呢？

竞争是一种生存的方式,没有竞争就没有个人和社会的进步,但是很多时候我们总是被淹没在竞争大潮中难以翻身。学会竞争、用心竞争,让自己始终处于不败之地。

下面有这样一个故事:

哈维在机场等出租车。当一辆出租车停在他面前时,他看到这辆车干净、明亮照人。然后,他看到了司机,小伙子穿戴整齐,白衬衫、黑长裤、黑皮鞋,套上黑领带,英姿焕发、彬彬有礼。

等哈维坐定后,他递给哈维一张名片,说:"我叫沃利,很高兴为你服务。名片上写有我的服务宗旨。"名片背面写着:"沃利的服务宗旨:用最快的速度走最经济的路线,在一路友好的氛围中平安地将顾客送达目的地。"

哈维暗自惊叹,看到车里面和车表面一样一尘不染时,对这个司机更是刮目相看。沃利上了车,在方向盘前坐下,说:"要喝一杯咖啡吗?我的保温瓶里有热咖啡。"

哈维没有想到他会如此周到,于是开玩笑地说:"咖啡就算了,不过如果有软饮料的话,不妨来一杯。"

谁知,沃利立即笑着回答道:"行呀,我这里有可乐、矿泉水和橘子汁。"

哈维惊讶得说话都有点儿结巴了:"那就……就……就来一杯可乐吧。"

把可乐递给哈维后,沃利又说:"如果你想阅读的话,这里有《华尔街杂志》、《华尔街时报》、《体育画报》和《今日美国》。"

哈维问:"你是不是总是这样服务你的顾客?"

沃利笑着看了一眼后视镜:"事实上,我只是近两年才这样做的。在此之前,我已经开了5年车,和许多别的出租车司机一样,也经常牢骚满腹、怨天尤人。但是,有一天,我看到韦恩·戴尔博士写的一本书

《只要相信，就能看到》。作者建议我们：不要抱怨自己运气不好，绝大部分的机会都是你自己争取来的。与其把精力花在抱怨和发牢骚上，还不如把心思花在工作上，只要认真去做，就能在竞争中脱颖而出。这本书给了我很大的触动，我不再像鸭子一样呱呱地抱怨了，我要改变我的生活态度，像雄鹰一样高高地在蓝天上飞翔。"

"我想你会有所回报的。"哈维说。"是的，"沃利答道，"第一年，我的收入就翻了一番。今年，将会增加更多。"

让我们关注故事里的这句话："只要认真去做，就能在竞争中脱颖而出。"是的，认真对待每一件事情、做好每一个细节，就会使我们的竞争力达到最高。有一句很流行的话叫做"细节决定成败"。没错，在这个人才辈出的社会里，如果没有细节的差异，在大的层面上，那些关键的竞争对手是很难被你拉开距离的，既然如此，何不认真地去对待每一个小细节？

古人云："世有伯乐，然后有千里马，千里马常有，而伯乐不常有。"现如今的社会，伯乐越来越少，这就要求千里马能够更加突出，获得更多人的赏识，那么，我们怎样才能在竞争中脱颖而出呢？

**一、外表整洁**

整洁的外表、得体的举止，会使得你在老板心里留下良好的第一印象。不过要注意坚持，不能仅仅在第一次的时候这样，之后就邋遢起来，如此时间长了，不知不觉你就会成为老板心目中最好的公司形象代言人。

**二、保持笑容**

一个满脸笑容的人是一个乐观向上的人，不仅能给自己带来开心和快乐，还能给别人带来好的心情，

**三、积极沟通**

沟通是实现相互理解的最佳方式，和上司保持良好的沟通，有利于

让上司更加理解你,同时,良好的沟通能够使彼此之间增进感情,更有利于工作的开展。

**四、维护老板**

上司大多要面子,很多时候需要员工去维护,当在外界的时候,我们必须要维护上司的面子,首先,我们自身不能给老板抹黑,另一方面,我们不允许任何人给老板难看的脸色,当别人诟病老板时,我们要适时地站出来维护老板的形象。

**五、展现自己**

在工作中,我们必须善于表现自己,能够把自己最好的一面适当地表现出来,切不可默默无闻,善于表现自己才能给自己争取更多的机会。正所谓,千里马常有,而伯乐不常有,如果我们不表现自己,又怎么能期望别人发现我们呢?

把每一件简单的事做好就是不简单,把每一件平凡的事做好就是不平凡。在日常工作中,你必须用心地做事情,只有这样,才能在职场中保持不败的地位。

# 走出自卑的深渊

自卑的人总是习惯看清自己的缺点,总是缺乏自信,觉得自己总是比别人差,但实际上,上帝是公平的,任何人都会有缺陷,也都会有缺点,我们没有必要总是盯着自己的缺点不放,我们应当看到自己不同于别人的优势,并且好好地利用我们的优势去弥补我们的弱势,唯有如此，我们才能更好地认识自己、爱自己，所以我们应当走出自卑、拾起自信、笑迎朝阳。

阿基米德说："给我一根杠杆，我便能撬起整个地球。"而我们要说，给我一双翅膀，我便能翱翔宇宙。如果你真的不能飞至高空、不能潜入深海，这也不能、那也不能，但是这不代表你就一定要自卑，你或许不需要狂妄，但是你一定需要自信。

世间的任何一条道路都不可能一帆风顺。踏好每一步，脚踏实地地行进，前面等待我们的又会是一座新的高峰。生活中无所谓困难，当年张海迪同病魔作斗争的同时，仍然学会十几种外语；当年我国在水深火热中之际，革命志士又是如何同帝国主义势力作斗争；今朝汶川人们脸上洋溢的坚强；今朝残奥会上残疾人运动员在抒写何等坚强的奥运篇章，这些都证明了因此无所谓能力、无所谓强弱，所谓的只是一颗自信的心。

因为自信，文王拘而演周易；仲尼厄而作《春秋》；屈原放逐，乃赋《离骚》；孙子膑脚，兵法修列；不韦迁蜀，世传《吕览》；韩非囚秦，《说难》、《孤愤》、《诗》三百篇，最大限度地发挥自身的价值。

因此，面对困难和挫折，别自卑、别灰心，别为残疾吓倒，别被困难征服。要相信自己是世上独一无二的，是日月聚集的精华。

因此，你要坚信自己，向自卑告别，要勇敢地飞翔，要勇敢地说出"我能"。这便是跨越了心中那座高山，这便是成功的第一步。

从性格方面来说，具有自卑心理的人性格往往懦弱、内向、意志比较薄弱。这种人对于别人的误解与无端责难总是选择妥协、沉默忍受乃至成为习惯。但不意味内向型的人不具备坚强的性格，具有坚强性格的内向型的人虽然不喜欢表露自己但有韧性，不热情奔放但有主见，不强词夺理但坚持正确意见，因此每个人都可以养成坚强的性格。

自卑的人总是觉得自己比别人差，总是认为别人比自己好、比自己强，在竞争面前不自觉地倒退，这与现代人应该具备的自信气质和宽广的胸怀是那样的格格不入。这种情绪容易导致我们对待工作、对待生活总是心灰意冷、万念俱灭，失去了奋斗拼搏、锐意进取的勇气。如果碰到挫折，往往会打退堂鼓，失去克服困难的勇气，进而偏向于抱怨生活的不公，从而致使不良情绪总是伴随左右，严重影响着自己的生活和工作，而这样的人也总是与失败相伴。

其实每个人在不同的时期，都会或多或少产生不同程度的自卑心理。任何人都无法做到没有一丝缺陷，完美主义者其实更容易产生自卑的情绪。产生自卑的原因有很多，有的人喜欢用过高的标准作为自己的目标，结果自己永远处于达不到要求的失败地位，自卑感便随之产生；有的人很在意别人对自己的评价和看法，对于别人的贬低往往会因此产生自卑的心理；有的人还会敏感错误地把别人对自己的夸奖当做讥讽，于是他们感受到的信息就带有自我否定的倾向性，他们会越发地感到卑微、低下；有的人对于家庭或自己的经济收入以及地位感到不满，对于物质生活和精神生活的攀比也会导致自卑心理的产生；有的人由于身体的缺陷不能像正常人那样生活也会产生自卑的心理等。

战胜自卑的过程，其实也就是磨炼心态、战胜自我的过程。自卑就来源于我们自身而非只是外界对我们的否定，你首先要明白一个道理，只有自己相信自己，别人才能相信你，如果你对自己没有信心，那么更不能指望别人信任你了。磨炼自己的心志，遇到事情多往好处想，多看自己的优点，多看看自己比别人好的地方。同时你必须要相信，任何人都有优缺点，并不是只有自己有缺点，这个时候不妨看看别人是怎么处理自己的缺点的，然后学习一下别人的自信。只要相信、明白和接受这个道理，你的自卑感就会逐渐消失；消除自卑就不要在意别人对你的评价，只要你认为是对的，走自己的路，让别人去说吧；消除自卑的心理就是要以一种平和的心态对待自己，在充分认识到自己的长处和短处后，不要总是把注意力始终停留在自己的短处上，你停留的时间越长，黑色的阴影就越重；消除自卑就要以一种积极的态度进行理性的思考，不断把个人独特的力量组成有效的行动。

美国总统林肯不仅是私生子，出生微贱，而且相貌丑陋，言谈举止缺乏风度。他自己对这些缺陷十分敏感，但是一种补偿的心理让他超越了自卑。他克服了自己生理上的自卑感，在自己的长处、优势上去努力，最终成为美国人民爱戴的总统，并成为世界上的伟人之一。伟大的音乐家贝多芬听觉完全失聪，对于一个音乐家来说是最致命的，但是贝多芬却毫不畏惧，也没有失去对生活和音乐的信念，最终克服重重困难创作了著名的《第九交响曲》。

强者并不是天生的，他们也有软弱的时候。强者之所以成为强者，是因为强者善于战胜自己的软弱。伟人之所以伟大，在于他们始终保持着一种积极乐观的心态，比普通人更自信。自卑是一种可怕的心理疾病，我们必须要时刻提防它。当自己在困难面前退缩时、当自己否定自己时、当你总是觉得自己比别人差时，这个时候不要真的就以为自己就是最差的。

**心灵秘籍**

坚信自己，有志者，事竟成，项羽破釜沉舟，百二秦关终属楚。坚信自己，有心人，天不负，勾践卧薪尝胆，三千越甲可吞吴。看尽天下英豪，数尽天下风流人物还看今朝，那就让我们乘风破浪，带着自信的笑容走向明天。

# 学会有条不紊规划生活

　　人生需要有规划，有规划的人生才能走得更好，才能更加稳当。工作也是如此，每一天我们都要给自己制订一个小计划，把今天要完成的工作全部规划好，然后一步步地完成。有规划的人生才能不混乱，有条不紊的工作才能取得更好的效果。

　　提到规划，一些人都会视其为城乡建设规划，把规划与建设紧密联系在一起。因此，提及规划，就要考虑土地征用、规划设计图纸等一系列问题。其实，这是对规划概念以偏概全的理解。如果我们把规划这个词用得宽泛一点，可以说我们无时无刻不在规划，大到对人生的设想，小到对一顿早餐的建议，其实都在规划的范畴之内。我们一直在提倡一种有规律的人生，要避免浑浑噩噩混日子，我们就必须根据目标对我们的生活进行合理的规划，然后按照规划去做，一边做一边根据实际情况进行规划修订，最终达到我们预期的目的。

　　规划的重要性是显而易见的，要进行规划，首要的一条就是弄清楚我们的目标是什么，也就是我们到底想要什么，因为一旦这个目标确定，我们接下来的一切都是围绕它进行的。首先我们要对当下的目标进行分析，看它是否是我们所想要的。那些因为一些莫名的冲动或者懒惰而产生的稀奇古怪的目标就要及时地摒弃，不然不仅使接下来的规划时间被浪费，更会影响到接下来的目标，甚至很长的人生也会受到影响。所以选择健康向上而且具有可行性的目标是我们规划生活的第一步。

　　目标确定了之后，我们要确定的就是规划的时限。记住，我们当下的目标并不是我们要为之奋斗一生的目标，虽然它在很大程度上是实现人生终极目标的必要台阶，但是也不代表它一定要占据你的整个人生，所以，给自己的规划一个期限，告诫自己，在什么时候必须要完成什么、达到什么。当然，要注意这个时限要有点弹性，毕竟月有阴晴圆缺，世事难料，如果不给自己留点儿余地的话，很有可能接踵而至的超期会让你的自尊心受到严重的打击，甚至会导致你丧失自信乃至自卑，而这都不是你所想看到的。所以，根据目标的难易合理规划，确定完成的时限，只要规划得合理，那么在你规划的时候你就可以看到未来的你在心满意足地微笑了。

事情，大家每天都在做，有的人成功，有的人失败。同样的事情，有的人做得让人赞叹，有的人做得让人鄙夷。不要总是怨天尤人，虽然有的时候确实有种种的天灾人祸，但是仔细想想，造成这种差距的原因很多时候都是做事情的方式。所以我们规划生活的重要一部分就是规划做事的方式方法，而这也是规划的优势所在。人是感情动物，遇到事情都会有些许的情绪，当你为了完成目标而努力的时候，你的情绪或多或少会影响到方式方法的选择，随机应变固然是我们生活的必需技巧，但是提前规划却是把损失降到最低点的最佳方法。在事情发生之前，将可能发生的情况都考虑周全并找到相应的处理方法，那么当事情在你的掌控范围之内变动的时候，你就可以采用你自己认为最合理的方式来面对它。当然，我们也不得不承认，很多时候不少事情会忽然逃出掌控，我们不得不去随机应变，那这是不是表明规划没有用了呢？不是的，因为我们规划的不仅仅是顺利的时候如何去做，还必须规划一旦出现超出我们控制范围的情况应当如何去处理，只有这样，我们才能真正做到古人所说的"凡事预则立"。

规划，讲究程序、讲究有条不紊，如果不是什么突发的、火烧眉毛的事情，我们就一定要按照规划一步一步来，既不能急着想一口吃个胖子紧赶慢赶，也不能坐吃山空地一等再等。按部就班、循序渐进地做事是最好的，按照合理的生活规划来做，既不会让你忽然觉得无所事事，又不会让你心急火燎地不知所措。

人常说，事情是做出来的，不是说出来的。这就是规划的践行性，只要做了规划就要去做，不然你就只能被称为空想家，规划也不过是"乌托邦"而已。人都有惰性，静坐树下，喝口清茶，谁都喜欢这种安逸的、慢节奏的小日子，但是，如果总是这么过就是蹉跎人生。所以规划的目的就是督促我们去做，只有去做了，我们才能触及当初定下的目标；只有去做了，我们才能一步步接近人生的终极理想。当你不想按照规划进行的时候你应当想，如果你放弃了，那么你规划的这一部分人生也被放弃了，你会甘心吗？走好人生的每一步才可能享有完整的人生。

每天醒来都是人生的新一页，每天醒来起床之前不妨想想当天的规划，胸有成竹的日子是从起床开始的，一年之计在于春，一日之计在于晨。

人生最大的悲哀，就是做了一辈子自己不喜爱的工作。人生最大的失败，就是忙碌到死仍然一事无成，还让后人看不到希望。没有规划的人生，就像没有目标和计划的航行，燃料完了，困在大海上随浪漂泊，大喊救命。花谢了还会开，没有谁的人生可以从头再来。活不出个人样来，最对不起的是自己。生涯即人生，生涯即竞争，生涯规划就是个人一生的竞争策略规划。所以，珍惜人生就从做好规划开始，完成规划的人生其实就是享受人生的过程。

生涯要规划，更要经营，起点是自己，终点也是自己，没有人能代劳。

# 抗压五部曲

　　繁忙而沉重的工作，使我们不但身体要承受各种负载，我们的心灵也要随之承受各种职场压力。压力固然可以转化为动力，促进我们进步；但过多的压力会给我们的身体和工作带来种种负面影响，因此，我们应当通过各种途径舒缓自己的压力，重新轻松地去面对各种繁重的工作。

　　虽然很多人喜欢自己的职业，但每当提及工作，他们脸色还是会晴转多云。公司、同事和每天必须完成的工作，都会给人制造各种冲突，甚至让人陷入痛苦的关系中，长此以往，这种消极情绪对我们造成的压力将是巨大的。

　　现今，管理学书籍中的减压方法和瑜伽练习，已经不能满足人们更多的减压需求了。那么怎样才能走出这种状态？怎样在工作时，让自己的嘴角挂上发自内心的微笑？下面就是专家们提出的解决办法。

## 1. 别让工作成为全部

　　法国社会学家多米尼克·梅达说："必须停止'工作就是一切'的想法。"她强调在工作中建立一种平和的关系，但同时也承认，在现实中做到这一点并不容易，因为我们都深信"不工作就没饭吃"。有很多人热衷于工作，甚至把工作当做生活的全部，虽然这样的人也能从工作中得到快乐，也能在赚钱中得到人生的立足点，但是工作并非全部，而现代社会，越来越多的工作狂在我们的生活中出现了。

　　法国心理专家帕特里克·阿马尔说："这种矛盾的情绪并不奇怪，原本工作就是痛苦和成就紧密交织在一起的产物。但在现实生活中，你的自我形象越多元,就越容易感到快乐。"对此,美国耶鲁大学心理学家派翠夏·林维尔建议:"当我们在工作中遭遇挫折和打击时,需要在别的方面得到恢复。如果成就感只来自工作,那么工作上的不顺心就更容易影响到情绪。和工作保持适当距离,建立一种平和的关系,正是为了在工作中更好地感受快乐。"

**2. 表现出自己的好心情**

很多时候,工作难以快乐的根源在于死气沉沉的工作环境。法国心理学家本杰明·萨勒在对许多企业进行调查后发现,很多公司都有简洁的环境、舒适的空调、柔软的地毯,但是氛围却使人感到窒息。好的工作氛围需要每个人的努力,比如交谈、好心情、幽默感,甚至每天交换带来的小零食,都可以是办公室快乐的开始。心理专家认为:"亲密稳定的人际关系是快乐与否最重要的因素。我们应该丰富办公室里的贫瘠关系。既然与亲友在一起时我们能找到快乐,为什么要在工作中放弃这种快乐呢?"

微笑绝对是个绝佳的选择。每天保持微笑,不仅能给自己带来快乐,而且还能给周围的同事带来快乐,并且笑容能化解陌生、化解矛盾,能让我们在工作中更加游刃有余。

**3. 及时并适度表达自己的需求**

很多人不善于表达自己的需求,不善于说出自己的想法,总是怯于提出自己的想法、提出自己需要帮助的地方,总是处于很隐忍的状态,这样做其实非常不利于自己的工作。可能一方面可以说明你非常独立,并很努力,但是其实很多事情并非一个人就能完成,需要帮助也并非说明你的能力有问题,你要学会适时地寻求帮助。

工作中最恼人的情况之一,就是上司似乎根本意识不到我们需要帮助。

"如果对老板的要求有异议,大部分人会选择沉默,避免冲突。"

全球职业规划师杜爽认为，"人们担心表达不满会破坏与上司的关系，损伤自己的利益，或令冲突无法收场。但忍受的同时又有很多怨气无法排遣。"但是法国心理专家帕特里克·阿马尔强调："只要有必要，我们就应该有礼有节，而且直率地表达想法。除非老板是个变态的虐待狂，否则坦诚地表达不会让事情变得更糟。"

当然，我们必须搞清楚，哪些"无法开口"的困难是真实的、哪些只是我们的想象。很多时候，为自己设置障碍的正是我们自己。因此在和老板谈话前，一定要确定事情是否真的超越了你自己的能力范围。不管是要求额外的帮助，还是让上司理解你的努力，都是如此。

最糟的情况也许就是当压力和自制成为一种习惯，我们都忘了自己还有需求。"我们应该学习关注内在的感觉、倾听身体和心灵发出的声音。"心理咨询师王慧琳指出，"当我们头痛、烦躁、恶心、食欲不振或暴饮暴食时，也许就是该和老板谈谈的时候了。"

### 4. 不对公司投入过多感情

"很多时候，员工都处于一种情感逻辑中。"心理分析学家让·克劳德·里欧戴说，"那就是，付出与收获必须对等。我们付出，然后期待自己的付出能够被赏识。这种想法是错误的。"他认为："人们总是让家庭生活的经历影响到自己与公司的关系。比如，他们总是在老板的身上寻求本应来自父母的认同，在心理分析学上，这就是'移情'。"心理学家本杰明·萨勒建议："我们当然无法在工作时，将自己的情感锁在更衣室里，那么还不如用成熟的情感面对工作。"这也就是告诉我们，我们不能把所有的感情都放在工作上，不能把所有的精力都给工作，适当的时候要学会放松。

### 5. 外化内心的冲突

让·克劳德·里欧戴认为："内心的冲突在我们身上，通常表现为溃疡和抑郁。当我们决定与身上的束缚抗争时，我们才能找回健康。如果我们开放心灵，就能置自己于冲突之外了。这个过程可能会使人痛苦，但这是更加健康的方法。"我们必须让自己内外一致，避免自己内外不统一，给自己带来心烦意乱。

"只抱怨不行动是孩子气的行为！"我们当然希望公司为员工提供更多的心理支持。尽管如此，心理专家帕特里克·阿马尔依旧告诫我们，"每个人都应该对自己在工作中的情绪负责。"

心灵秘籍

人生需要有规划，漫漫长路，我们要尽可能地走好每一步。

设定现实目标，对自己和别人的期望值要现实些，使之切实可行。

# 笑对人生

人的一生，需要肩负起太多的责任，然而日子还是要过的，生活需要乐观地面对。乐观是一种心态，为着明天的幸福而努力、微笑。没有永久的黑暗，只有永久沉浸在黑暗世界的人，直到最后无法自拔。人需要一种乐观向上的心态，有了淡定从容的心态，才会更加幸福。

坦然，是一种生存智慧。生活的艺术，是一个人看透了社会人生以后所获得的那份从容、自然和超然。一个人要想能够自由自在地生活，心中就需多一份坦然。与那些在曲折面前悲悲戚戚的人相比，笑对人生的人始终都坚信前景美好，比那些脸上常常阴云密布的人更能得到成功的垂青。摒弃世俗的偏见，豁达而洒脱，争取做到富不狂、贫不悲、宠不荣、辱不惊，无忧无虑地承受人生百味，真正拥有一颗健康、平和的心态，痛快地享受这人世间美好的阳光和温馨。

这个社会有太多的诱惑，同时充斥着太多的欲望。一个人如果想用一份清醒的心智和从容的步履走过岁月，那么他的精神中必定不能缺少淡泊。淡泊是一种境界，更是人生的一种追求。诚然，我们都渴望成功，但我们更需要那种平平淡淡的生活、那份实实在在的成功。得意也好，失意也罢，我们都要坦然地面对生活的苦与乐。假如生活给我们的只是一次又一次的挫折，那也没什么大不了，因为那只是命运剥夺了我们活得高贵的权利，但是命运却永远没有办法夺走我们活得快乐和自由的权利。

　　"生活最大的乐趣是给自己留些余地。人生最大的财富是给自己一点儿时间。"用这句话来描述现代人的生活感受是最合适不过了。走在大街上，眼里满是行色匆匆的人们，夹着公文包，电话一个接一个，终日忙碌不断……不知道从何时开始，人们加快了生活的步伐。按说生活条件好了，就更应该悠闲地享受生活才对，就更应该有足够的时间做自己想做的事，更应该有时间和家人在一起享受天伦之乐、和亲密好友在一起喝茶聊天才对。但是为什么生活变得富裕了，人们的时间越来越少地可怜了呢？难道这一切都仅仅是为了工作吗？工作固然重要，但是也只是生活的一部分。无休止地忙碌与奔波常常让我们感慨生活的艰辛与劳累，但是，难道物质的丰足、名利的高低可以作为衡量幸福的尺度吗？而那些真正能让我们感到幸福的，又何尝不是当下那份实实在在的拥有吗？比如忙中偷闲的一杯茶、苦中作乐的两杯酒。

　　忙碌时，记得给自己留一些时间休闲。如果总是不闲着，周围人的情绪也会随之紧张。如果你感到累了，一定要休息；即使不累，那么为了爱惜自己也不妨躺下来放松一会儿。尝试给自己放个假吧，从今天起抛开工作、抛开繁杂的一切，只把时间留给自己一个人。你要相信，总有一个角落是属于自己的，可以用来安放你疲惫忙碌的心灵；总有一些时刻是属于自己的，可以让你用来享受触手可及的幸福。

我们总是处于人群之中，人群的喧闹让你我听不见自己的脚步声。远离生活，也许是我们重新认识自我存在的捷径。当然，对于那些既有工作又有家庭的人来说，想独处的时间也许并不多也很不容易，那么你可以和家人、朋友进行交流，向他们说明情况，征求他们的意见。相信那些关心你的人，一定会给予你谅解和支持的。从沉重的生活压力中解脱出来，你才能心境平和地处理工作、对待家人和朋友，这也将增进你们之间的感情。放下一切压力，这样坚持下去，**渐渐地你就会发现你整个人都变得轻松多了**，干起活来也不再像以前那样手忙脚乱，你开始可以从容地处理各种事务，不再有所谓的逼迫感。你的生活也会得到很大的改善，使你可以从杂乱无章的感觉中解脱出来，让你的头脑得到彻底的净化。

给自己留些时间，有助于减轻快节奏生活造成的压力，给自己安详平和的心境。你可以去工作，但工作不是一切，这并不是说工作不重要，或是觉得与家人在一起的时光没意思，而是这段时光对心灵有不可替代的平衡与完善作用。没有这样的时间，你会成为一个背负太多的人，很容易变得暴躁易怒、沮丧不安，似乎失去了自我。因此为了避免这样的情形出现，你可以从今天开始与自己设定一个规划，从忙碌的生活中挑选一段固定的时间，比如某天的某一小时，一周一次或一个月一次都可以，而且时间长短不限，就算只是短短的几个小时也可以，重点在它完全属于你一个人，归你的心支配。其次是当别人要跟你约定时间时，绝对不能轻易将这段神圣的时光给牺牲了，要特别珍惜这样的时光，甚至比其他任何时光都要重要。别担心，你决不会因此而成了一个自私自利的人。相反，当你再次感到生命属于你的时候，你会更有能力去为别人着想。只有真正地获得自己所需时，你才能更轻易地去满足别人的需要。

大多数人在人生的旅途中背负了太多的东西，其实老来想想，很多东西是不必要的。尽可能遗弃那些无谓的问题及烦恼吧。放松心情，轻松一下，好好地想一想。你已经很好，无论是事业上或生活上的失利，其实都不必背负太多。要坚信"真正的光明并不是没有黑暗，只是不被黑暗遮蔽罢了；真正的英雄并不是没有卑怯的时候，只是不想卑怯屈服罢了"。

心灵秘籍

　　人生苦短，在有限的生命历程里，你一定要善待自己的生活。学会用笑容来融化一切冰冷，学会用淡然来面对生活的起起伏伏，让自己做一个成功的人生旅行者。

# 第六章

# 良好情绪，助你成功
## ——敞亮你的心,用希望照亮未来

　　良好的情绪能够帮助我们在事业上取得更大的成功。一个人的成功需要智商,更需要情商,人们的智商差别并不大,但是有的人更容易成功、更容易让别人喜欢,这就是情商作用使然。保持良好的情绪,其实就是不断提升自己的情商。拥有良好的情绪使我们能够更加轻松地对待工作中的挫折,使他人能够更加轻松愉快地和你交流合作,良好的情绪就是交际中的润滑剂,能让你的人际关系更加和谐,更能够让你更容易交到朋友,从而助你成功。

# 情商高的人更容易成功

近年来，开始出现一个与智商（IQ）相并列的新概念——情商（EQ），该概念由美国哈佛大学心理学家霍华德加德纳在1983年首先提出，具体包括情绪的自控性、人际关系的处理能力、挫折的承受力、自我了解程度及对他人的理解与宽容。

一般来说，聪明的人，即智商比较高的人学习能力较强，在学校里的成绩也相对较好，但是，与之共存的还有另外一个现象，那就是社会上的成功人士往往都不是当初班级里学习成绩最好的，这又是为什么呢？这里，我们就要引进情商这个概念，据最新研究表明，一个人的成功，只有20%归结于智商的高低，却有80%取决于情商。这是因为情商高的人生活比较快乐，能维持积极的人生观，所以不管做什么，其成功的机会都比较大。那情商又是怎么形成的呢？心理学家认为，情商与智商不同，它并不是与生俱来、天生注定的，而是由下列5种学习能力组成的。

## 1. 了解自己的情绪

一个人总会存在某些个性上的盲点，所以人们常常自我反省，就是孟子说的"吾日三省乎己"，及时察觉自己的情绪，了解情绪产生的原因。

## 2. 控制自己的情绪

发现自己的不良情绪后，要采取行之有效的方法进行化解，如果不能马上化解，也要采取一定的措施将不良后果降至最低，这是情商的一个重点。

### 3. 激励自己

学会自己鼓励自己，给自己打气或者奖励用来整顿情绪，保证自己朝着既定的目标努力。

### 4. 了解别人的情绪

设身处地地理解别人的感受，察觉别人的真正需要，要有同情心理。

### 5. 维系融洽的人际关系

这就要求我们能够理解并适应别人的情绪，并作出合理相应的反应。

在这个时代，仅凭知识和聪明并不一定能成大事，还必须具有良好的心理素质。既然情商是可以后天培养的，那么我们就应当刻意培养自己的情商，以应对竞争日益激烈的社会。培养情商刻意从以下几方面着手：

### 1. 学习批评的艺术

情商高的批评者，会留心被批评者的情绪反应，在肯定对方成绩的同时，首先明确提出明显需要改进的问题，并进一步针对问题提供解决方案，进而在必要的时候给予对方一定的鼓励，从而使受批评者不会产生受挫折感。

### 2. 学习说出心底的感觉

由于人们来自天南海北，各自的生活环境不同、各自的家庭教育和社会交往范围也不同，所以彼此间对问题的看法难免存在偏差，最好的方法是坦白地说出自己的想法和感觉，同时也一定要给对方机会让其说出心底的感觉与想法，这样才能在最开始将误会或者分歧化解掉。

### 3．学会理解别人的想法

正所谓知己知彼，百战不殆，只有理解别人才能寻找到更好的方法和别人交往。理解别人的想法就要试图站在别人的角度上看问题，不能总是按照自己的想法和做法来强求别人，只有这样才能更好地处理人际关系，才能增强我们的情商。

下面是高情商的人体现出来的特点，大家可以自查一下，你自己，包括你身边的同事、朋友，具有下面这些特点的，往往都是情商及智力高的人：

特点一：具备良好的社交能力，换言之就是社会交往能力很强，身处任何一种不同的人际氛围当中都会很快地融入，然后他们会很快地被这个氛围的人群所接受，继而他们能够很快地在这样一个群体当中站住脚，并且充分地施展和表达自己的这种特质甚至用自己的特点影响，甚至可以说是引导了这个群体，最后在他们的事业、交友各方面都能取得一个很好的成绩。

特点二：具有外向而愉快的性情，少有阴郁或者比较悲观的情绪。一般来说情商智力比较高的人就比较外向愉快，跟他们在一起就觉得好像是阳光普照的一种感觉，生活每天都充满了希望。让人不知不觉地靠近他们，环绕在其周围。

特点三：具有乐观向上的心态，即便生活遇到了挫折、悲伤或者难过，你也会发现他们非常懂得自得其乐，能够及时排解自己的负面情绪。

特点四：具有较高的情商。他们能够对自己从事的工作和事业非常专注而投入，他们会投入很多的精力在里面，因为他们想要那一份成就感，他们觉得一切的都是通过自己的双手取得，他们想做，又会去实践。有想法，又会付诸实施，既是创意者，又是实干家。

特点五：他们会善待人生机会。有人说智商高的人会发现机会，情商高的人会抓住机会,逆商(抗压性,抵御挫折的承受力)高的人会不轻易地放弃机会。

另外就是这些人对人非常真心诚恳、热情,同时情感很丰富。这个特征是非常明显的,情商比较高的人的情感也非常丰富,他们对朋友之间的友情也好,爱人之间的恋情也好,还有亲人之间的亲情也好,他们都会表现得很细腻、很真诚、很丰富。

智商只在你的成功中占据1/5的比例,所以先天的差异几乎可以忽略,而占80%的情商又是我们可以后天获得的,既然如此,就像古代"王侯将相宁有种乎"一样,成功的人士跟出身没有关系,无所谓基因的差异,差异的只是你后天的努力……

# 约束情绪让你更容易成功

普通心理学认为:"情绪是指伴随着认知和意识过程产生的对外界事物的态度,是对客观事物和主体需求之间关系的反应,是以个体的愿望和需要为中介的一种心理活动。情绪包含情绪体验、情绪行为、情绪唤醒和对刺激物的认知等复杂成分。"

情绪是生命中的魔棒,世上所有的人都有真实地表现着自己对生活每一个细节的回应。再高明的人,无论他(她)如何擅于隐藏也不能摆脱情绪对他的影响。生活是复杂的,常有一些不尽如人意的事情发生,说大不大,说小不小,让你如哽在喉、吐不出、咽不下、想不通、憋得慌,进而使情绪如火山爆发,一发不可收拾,时而暴跳如雷,时而萎靡不振，让自己与亲人、朋友痛苦悲伤与难过，甚至诱发出各种身心疾病，这就是所谓的情绪伤人。

学会控制自己的情绪，为别人开一扇窗，也能让自己有更广袤的空间。控制你的坏情绪，不仅能够减少自己的痛苦，还能给别人带来快乐。我们要学会控制自己的情绪，因为在没有弄清楚事情的真相之前就忙于下结论是不理智的举动。很多时候我们往往因为一句不经意的话就伤害了别人，一个不经意的眼神就给别人带来不好的感觉，也许在不知不觉之中我们就失去了一个朋友，所以我们必须适当地在别人面前控制自己的情绪。

人云：有多大的胸襟，便会有多大的成就。不要只在意别人给了自己什么伤害委屈、承受了多少重担与压力，学会接受，学会宽容。没有人愿意对喜欢迁怒于人的人说出真相，留三分余地给别人，常常会使彼此都获得更大的空间，退一步海阔天空，打破僵局的好方法就是深呼吸，然后主动退一步。

放弃是一种美丽，是金子总会发光的，但发光的东西也并非都是金子。当我们为了一些微不足道的事情而争得面红耳赤、相持不下时，能否想到深吸一口气，让自己的心平静下来，然后微笑着退出呢？要学会放弃，但不是放弃信心，更不是放弃追求，而是放弃心灵的负担，让自己轻松上阵、轻装前行。

江南初春常有一段阴雨连绵的天气，很冷、很潮湿，这种天气通常会让人觉得沮丧，提不起精神。

但是，有一天早上，天气突然转晴了。虽然还有一些湿润的感觉，但空气很清新，而且很暖和，你简直无法想象还会有比这更好的天气。

悦净大师喜欢这样的天气，觉得它总是让人产生各种各样的遐想，而且会让人对生命充满信心。

站在阳光明媚的街道上，悦净大师静静看着来往的人群，内心平静，但有一丝不易察觉的快乐在心底洋溢。

这时，一个年近50岁的男人从远处走来，臂弯里放着皱皱的雨衣。当男人走近时，悦净大师快乐地向他打招呼："阿弥陀佛！今天天气很不错，对吗？"

然而，这个男人的回答却出乎悦净大师的意料，他几乎是极为厌恶地对悦净大师说："是的，天气是不错。但是在这样的天气里，你简直不知道该穿什么衣服才合适！"

悦净大师不知道该如何回答他，只是看着他很快地离开了。

天气晴朗时，是享受阳光的最好时刻。让自己时刻都处在好心情之中，不要总是强迫自己去想那些烦闷的事情，这样你就会拥有快乐的生活。

三国时，诸葛亮和司马懿在祁山交战。诸葛亮千里劳师，因此他想速战速决。而司马懿则以逸待劳，想要空耗诸葛亮的士气，然后伺机求胜。见司马懿不战，诸葛亮就送了一套女装给司马懿，意思是不战就是女人，用激将法诱他出战。换做常人肯定会受不了这种侮辱，马上出兵，这正是诸葛亮希望的。但是司马懿却克制住了自己的愤怒，还是坚决不出战，结果连老谋深算的诸葛亮也对他无计可施了。

情绪好比一台多频道电视机，遥控器就掌握在我们的心中。既然有多种频道供我们选择，我们又何必听任那些不良的如抑郁、忌妒、排斥、抱怨、仇恨等频道来播放难堪与痛苦呢？及时调整和控制情绪，不断地从忧愁、压抑的状态中挣脱开来，尽最大的可能，以饱满乐观的心态和积极愉悦的情绪迎接生活中的每一天。

以下是几点参考，让我们共勉之。

**1. 学会让自己安静，把思维沉浸下来，慢慢降低自己对事物的欲望。**

经常把自我归零，要记住每天都是新的起点，没有年龄的限制，只要你对事物的欲望适当地降低，会赢得更多的求胜机会。这就是所谓的退一步自然宽。

**2．学会关爱自己。**

只有多关爱自己，才能有更多的能量去关爱他人。如果你有足够的能力，那就尽量帮助你能帮助的人，因为那样你得到的就是几份快乐，多帮助他人、善待自己，也是一种减压的渠道。

**3．适时地放松自我。**

遇到心情烦躁的情况时，喝一杯水，放一曲舒缓的轻音乐，闭上眼睛，回味身边的人与事，对新的未来可以慢慢地梳理，这既是一种休息，也是一种冷静的前瞻思考。

**4．多和自己竞争，没有必要去忌妒别人，也没必要羡慕别人。**

很多人都是由于羡慕别人而始终把自己当成旁观者，但是越是这样，越会让自己掉进一个深渊。你要相信，只要你去做，你也是可以的。记得为自己的每一次进步而开心，牢记事是不分大小的。复杂的事情简单做、简单的事情认真做、认真的事情反复做，争取做到最好。

**5．广泛阅读。**

阅读实际就是一个吸收养料的过程，现代人面临激烈的竞争、复杂的人际关系，为了让自己不致在某些场合尴尬，可以进行广泛的阅读。让自己的头脑充实也是一种减压的方式，人有时候是这样的，肚子里空空的时候自然会焦急，这就对了，正是你的求知欲在呼喊你，人活着是需要养分的。

**6．不论在任何条件下，不能看不起自己。**

就算是你感到全世界都不相信你、看不起你，你也一定要相信自己。要相信这句话，如果你喜欢上了自己，那么就会有更多的人喜欢你。如果你想自己是什么样的人，只要你想，努力去实现，就会成为你想要的样子。

控制自己的情绪,才能更好地生活。我们要学会珍惜身边的人,用语方面尽量不要伤害身边的人,哪怕遇到你不喜欢的人,也要尽量迂回,找理由离开也不要肆意伤害,因为这样不仅让自己心情很坏,也会让场面更尴尬。记住珍惜现在身边的一切,用真心去爱。只有用真心、用爱、用人格去面对你的生活,你的人生才会更精彩。

不要让情绪伤了你,学会控制自己的情绪,多一些快乐,少一些忧愁,为别人开一扇窗,也能让自己看到更明朗的天空。约束自己的情绪,做情绪的主人,是把握自己言行的第一步,也是取得成功的起点。

# 良好地运用情绪领导员工

情绪能够影响人们的判断、记忆、创造力以及推理过程。积极的情绪能够使人在完成任务时更加灵活、更富创造性;消极的情绪使人更富有批判性、更善于完成评价性活动。同样,领导者的情绪智力也影响领导过程及有效性。

领导问题的研究一直是管理学领域的重要课题之一。人们希望探讨如何能够成为成功的领导者,提高领导有效性。对于领导特质、领导行为以及领导权变理论目前均有大量的研究文献存在,但是关于领导过程中情绪作用的研究却非常少。作为一个领导,需要很好地发挥自己的领导以及沟通才能,对此,情绪是至关重要的一点,一个人只有很好地控制情绪,他才能更好地领导他人。

领导者需要经常面临许多不确定的情况,在作出许多决定的时候,控制自己的情绪是很重要的。提出一个好的计划需要非常大的创造能力，而只有积极的情绪可以极大地激发一个人的创造力，能够很好地控制自己情绪的领导可以充分利用这个功能。领导者如果想要让员工对自己的决策感兴趣，那么就要认识到什么样的决策能够使员工感到自豪而有价值，这就要求领导具有很高的运用情绪的能力，对员工的情绪有所了解，并且知道怎样去激发员工的激情，从而把握全局，掌控整个局面。

为了在公司能够创造比较好的工作氛围，领导者一定要准确把握员工的情绪，了解他们情绪变化的状况及原因，预测员工们在不同情况下的不同反应以便形成良好的气氛。领导者必须能够准确地看待他们下属的情绪，了解情绪的影响和变化的原因，预计在不同情景下的不同反应，并对其进行有效的规制。领导者通过情绪管理策略让下属发现问题，感受到组织与集体的远景，并有信心解决问题，对组织和自己充满信心。领导者在管理组织的过程中经常要处理大量的问题，有些是关于人际冲突的，如下属之间的冲突、部门之间的冲突、员工与客户之间的冲突等。这些人际冲突的问题有些比较容易解决，有些则很难解决，会让人产生很大的压力。

作为领导不仅要积极处理这些问题，还要想办法用最有效的方法解决，这样才能在团队中形成比较好的氛围。一个具有高情商的领导更加能够利用积极的情绪实现内部双赢，促使公司更加团结。

领导的职能中，计划与决策是逻辑性较强的一部分。可是一个有用的计划或者决策离不开对于情绪信息的搜集。情绪作为一种有力的信号，可以让领导者知道需要首先注意哪些因素、需要先解决哪些事情。能够准确地搜集情绪信息并能够正确去加以利用的领导者，在决策的过程中可以更加灵活地解决问题。

领导者很好地掌握情绪有助于和属下进行有效的沟通，并可以对员工进行激励，是团队中沟通人与人之间关系的润滑剂。一旦这种润滑剂不够，团队就很难发挥其最大的威力。所以领导者必须善于把握每个员工的情绪,然后加以运用。

情绪在人际关系的形成过程中也有着重要作用。作为一个领导,他必须懂得如何识别员工的情绪变化,并进行有效的调节,采取正确的方法引导员工。

高的情绪智力可以形成组织的认同感,而组织的认同感又源于组织文化。这样说来,组织的认同感对于领导者十分重要。一个人要认同组织,关键在于认同组织文化。这样有助于人们形成自己的价值观、信念及规则,对于社会也有益处。一个领导者应该积极激发员工的强烈认同感。让员工心往一处想,劲往一处使,使他们能够对自己的工作有一个比较好的认知,从而热爱工作。这样才能使公司更加繁荣。

对情绪的把握至关重要,但是做起来并不容易,它需要不断地培养和挖掘。

首先,要正确认识自身和他人的情绪。领导者要关注自己的情绪,要学会正确表达自己的情绪,还要善于观察他人的情绪。

其次,把握情绪能力的培养还要与认知活动相联系。一个领导者需要去认知他人的情绪,第一要了解不同的情绪和认知的影响,第二要避免情绪在决策中的消极影响。

再次,领导者还要了解情绪产生发展的规律,从而更好地理解员工的情绪。第一要掌握一定的知识,第二要善于理解深层含义,第三要学会预测结果。

最后,领导者还要学会接受自己的情绪并且调控自己的情绪。另外,还要学会化解自己的情绪、管理自己的情绪。

情绪是一种有效的生产力。良好的情绪掌控能力,会使你在工作中如鱼得水。一个成功的领导者,其面对面的管理在很大程度就体现在情绪的掌控上。合理地利用情绪，会使你的员工更加忠诚、更加努力，有的时候甚至会远远超过金钱的效力。这就是你的个人魅力。

# 控制情绪能让你在竞争中不败

当今社会是一个竞争的社会，只有在竞争中频繁获胜，你才能戴上成功者的桂冠。人们都关注着如何能够在竞争中不败，关键的因素就是控制情绪。

控制自己的情绪至关重要，有的时候，不良的情绪甚至会危害到自己的生命。

下面有这样一个小故事：

有个年轻人在岸边钓鱼，坐在他旁边的是一位老人同样也在守望着一根长长的鱼竿。

经过一段时间以后，奇怪的事情发生了，老人不时地就能钓到一条银光闪闪的鱼，可是年轻人的浮标却没有动静。年轻人迷惑不解地问老人："我们钓鱼的地方相同，您也没有用什么特别的诱饵，为什么我就毫无所获呢？"

老人微微一笑说："这就是你们年轻人的一种通病，喜欢浮躁，情绪不是很安定，动不动就烦乱不安。我在钓鱼的时候，常常达到了浑然忘我的地步，我不过是静静地在守候，不像你会时不时地动动鱼竿，再接着叹息一两声。我这边的鱼根本就感觉不到我的存在，所以，它们咬我的鱼饵，而你的举动和心态只会把鱼吓走，当然就钓不到鱼了。"

美国心理学家普拉切克曾经提出了 8 种基本情绪理论，即：悲痛、恐惧、惊奇、接受、狂喜、狂怒、警惕、憎恨。一般而言,研究者比较认同人类具有4种基本情绪,即快乐、愤怒、恐惧和悲哀。由此可以看出,4种情绪中,有3种是负面消极情绪,只有1种是正面积极情绪。有人说,人一生的历史就是一部同消极情绪作斗争的历史,这话说得有一定道理,它从一个侧面说明了克服消极情绪对人生成功和幸福所具有的重要意义。

在实际工作中我们会注意到,有的人能力一般,却能够冷静地判断及处理事物,因而取得成功;有的人虽然智力发达,但情绪却不稳定,因而改变了其成功的发展方向。情绪的这种重要意义越来越被人所关注。

在我们的工作中,很多时候需要我们去平和自己的心态和情绪。一个好的心态不仅能够让我们以更健康的体魄去投入自己的事业,还能够使自己以愉快乐观的心情去迎接发展路上的一切坎坷。因为,无论是生产还是后勤工作,尤其是销售工作,时常会有很多不愉快的因素干扰我们,影响我们对工作的热情,进而影响我们的工作成绩。所以,良好地控制情绪是做好工作的关键,也是在竞争中获取胜利的关键。

在竞争中,总会有一些出乎意料的刁难冒出来,破坏我们的构思,打乱我们的计划,恶化我们的情绪。这个时候如果能良好地控制自己的情绪,则可以给自己工作的环境带来更宽松的氛围,给别人带来舒适的感受,并给予竞争者以压力。如果情绪变化迅速、波动较大,则容易让别人疏远你、不信任你,从而淡化了自己的人际关系优势,给自己造成不便。

控制情绪是一件很难做到的事,可是在很多情况下,我们必须去试着做。如果能够运用多个角度去思考问题,那么事情可能就会有无数种可能。所以在遇到使自己不高兴的事情时,一定要从好的方面理解它。

很多人抱怨道,为了让别人感受不到自己的工作情绪,天天都在职业化地微笑，跟一个戴着面具的人一样。其实，你要记住，别人没义务为你承担你的不良情绪，办公室是公共场合，不比在家，大家只是同事，所以，不能因为自己不高兴而影响别人上班的情绪。

当你能做到把工作跟生活分开后，你会发现职业性微笑其实并不是面具，所以你能给予礼貌性的微笑，就像对街上碰到的问路的陌生人一样。

因此，当我们将竞争当做谋生的手段的时候，我们就应当将在竞争中遇到的意料之外的刁难、嘲弄等时候出现的情绪一定控制住，记住，那只是我们谋生的手段，而不是我们生命的全部，看淡它，继而保持自己良好的情绪与状态，你会发现你并没有像对手预期的那样失去竞争力，反而胜利的天平在向你倾斜……

面对一切挫折与困难，你都要做到不悲不喜，任对方无理要求或者是百般刁难，你都要控制好你自己的情绪，一切按照计划来，将节奏控制在自己手中，你将在竞争中不败。

**心灵秘籍**

在成功的路上，最大的敌人其实并不是缺少机会，或是资历浅薄。成功的最大敌人是缺乏对自己情绪的控制。愤怒时，不能制怒，使周围的合作者望而却步；消沉时，放纵自己的萎靡，把许多稍纵即逝的机会白白浪费。

# 微笑让你更有竞争力

很多时候，微笑并不是示弱。不要认为向别人微笑就是在认输，其实，有的时候微笑是一种更加强大的力量。如果能够很好地运用这种力量,那么你会获得更大的成功。

很多人认为对待别人应该心存戒备。他们整日眉头紧锁,遇到陌生人更加用戒备的眼光拒人以千里之外,生怕自己受到什么伤害更不用说去包容他人。他们把自己锁在自己假像的匣子里面,用冷酷的外壳去保护自己。用远离别人的方法避免伤害,其实这反而会错过更多。

对于微笑不要吝啬。一个微笑能够融化一座冰川,一个微笑能够化解一段恩怨,一个微笑能够拯救一个心灵,一个微笑能够使你更加具有竞争力,赢得别人由衷的赞美。

晓鹃是一个普普通通的女孩子,她就是用微笑打开了自己人生的大门。

刚开始找工作,她并不顺利,看到一个招聘广告,就按照招聘广告上的联系方式,向用人单位发了一封求职电子邮件,然后上网找到用人单位的网站,详细了解了一下该用人单位的信息。几天之后,晓鹃就意外地接到了该广告设计公司人事部经理的电话,要她在第二天下午到广告公司参加集体面试。当人事部经理问晓鹃几点可以到达时,晓鹃说:"下午3点。"晓鹃想自己对用人单位所在的地址不是太熟悉,约迟一点的时间可能会更充裕一点。当天晚上,晓鹃9点多钟就上床睡觉了,以便第二天能保持一种充沛的精神风貌。

第二天下午一点半午睡起床后,晓鹃就把自己的求职简历和相关的各种资料整理好,按自己想象的需要次序放入背包中,然后再去冲凉,穿上整洁干净的衣服,并对着梳妆镜子仔细检查一下自己的仪表,自我感觉还不错,于是,她提前一个小时就出发了。到了用人单位所在的办公楼下,晓鹃很有礼貌地向保安打听清楚了"人事部"所在的楼层,接着又打开了背包,检查了一下所带的求职资料,然后进行了一下深呼吸,稳定一下自己的紧张心情,便腰杆笔挺、自信十足地准时敲开了用人单位的大门……后来,晓鹃就成了这家广告公司的一名正式员工。工作以后的一次偶然机会，晓鹃向总经理问道，在那么多参加应聘的求职者中，总经理为什么会选择她。总经理的回答有些出乎晓鹃的意料，"你的微笑感染了我，通过微笑，我能看到你有一种其他求职者不具有的自信。"原来是这样，晓鹃起初还以为是自己的名牌大学学历和自认为不错的能力是求职的绝对资本呢。

晓鹃开始工作后，总是尽最大努力来保质保量地完成公司经理交给的各项任务，晚上把单位常用的公文文书一一精读，在最短时间里把公司的业务内容了然于心，使工作做起来更有把握。功夫不负有心人，因此，在晓鹃工作还不到一周的时间，单位领导让晓鹃拟一份广告词，由于晓鹃对专业已有了一定程度的了解，再加之她自身的"笔头"功底本来就牢；所以，只花了短短的一个晚上就完成了任务，还得到了领导的赞扬。平时上班的时候，晓鹃也是一脸的微笑，无论是上司，还是普通员工，她都会向他们投去善意的笑容，很快她就同其他同事打得"火热"了。于是在进入单位不到一个月，晓鹃就结束了求职试用期，又过了一段时间，她被总经理任命为创意主管。

晓鹃的成功，就是微笑的力量。她或许一开始的能力并不很强，可能是无数普普通通的毕业生中的一员，可是微笑为她增加了竞争力，微笑使她脱颖而出，一跃成为创意主管。

有的时候，人与人的能力相差并不很大，只是有的人善于运用微笑来拉近彼此的距离，因此给别人留下好的印象，从而获得机会。相反，如果有的人能力很强，可是却摆出一副高高在上的样子，难以相处，那么他也难以获得别人的认可。

微笑是良好情绪的体现。只有内心有一个良好的情绪，反映在外在上才有一个好的面貌。时常对人微笑是一个人懂得去控制自己情绪的表现。你没有权利让任何人承受你的不良情绪，自己的不良情绪只有靠自己来调节。所有人都是平等的，谁都没有义务去容忍别人的坏情绪。因此在与人交往的过程中,最好的办法就是自我调节,用微笑示人。

做到微笑其实并不是一件很难的事情,首先需要你对别人有一份真正的关怀与同情。对于别人,不要觉得与自己无关。要时刻关心他人的感受,不只是把他人作为沟通对象或者竞争对象,要让他人从心里感觉到你的关心。这样的话你就会露出最自然的微笑。缺乏同情心的人即使对他人微笑,也会让人有虚假的感觉,这是人与人交往的最大障碍。

其次,你要有一颗宽大的心灵,包容别人。对于自己的朋友,很多人都可以做到微笑,可是对于竞争对手,却很难做到微笑相对。其实竞争对手从某一方面来讲也是朋友,只是他们是从反面来激励你,使你获得成长,就像一个没有狼的孤岛上,羊群也会慢慢衰落。没有竞争对手,一个人的人生也会慢慢萎缩。竞争让人更加有活力,因此应该感谢竞争对手,这样你就会对他绽放最真心的微笑,对于你自己也会更加有利。

微笑是一朵最美的花朵,它让你的人生道路充满温馨的香气。一个善于运用微笑的人一定会将自己的人生走得丰富多彩,让自己永远立于不败之地。

微笑是一件最有利的武器,它可以斩断人生道路上的许多荆棘。如果你对于自己的人生还有更高的期许,那么就请用微笑来使自己更加强大。一个人如果能够对别人报以真诚的微笑,那么他会收获更多的东西。

# 良好的情绪让人际关系更加和谐

当今社会是一个注重合作的社会，任何人都不能一个人独自完成所有的工作，人际关系也就由此显得越来越重要。而良好的情绪则可以让你在人际交往中如鱼得水，让人际关系更加和谐。

良好的情绪在和别人交往时至关重要。在给别人的第一印象中，一个人的情绪起着很大一部分作用。因此在与人交往的时候，应该采用良好的情绪与状态。

情绪是可以传染的，一个人是否用良好的情绪与别人交往可以让别人很容易就感觉出来。在你与陌生人打交道的过程中，如果你的情绪不正常，很有可能会引起对方的情绪不正常。对方情绪糟糕时，他甚至会毫无根据地认定你是一个无理、讨厌的家伙，从而对你产生不好的第一印象。

其实，大部分人都知道一些交际的心理知识和一些交际技巧，而当他们自信地和人打交道时，却常常因为自己不能保持良好的情绪而让人际交往的效果大打折扣。他们只是在待人接物的技巧上显现出一些高明，但是忽略了自己的情绪。有的时候，一个人的情绪如果变坏，即使是很小的细节都会让别人感觉到，从而使双方的交流质量大打折扣。

事物都有两面性，一方面，糟糕的情绪表现会破坏你和陌生人的交往，另一方面，乐观积极的情绪又会感染对方。正确利用情绪效应，能帮你给别人留下很好的第一印象。

情绪有的时候对人具有非常重要的意义，许多时候，用良好的情绪对待他人、对待自己，可能会获得意想不到的效果。

日本有一个推销员叫原一平。在原一平当保险推销员的头半年里,他没有为公司拉来一份保单。他没有钱租房,就睡在公园里的长椅上;他没钱吃饭,就吃饭店专供流浪者的剩饭;他没钱坐车,便每天步行去他要去的地方。可是,他从来不觉得自己是一个失败的人,至少表面上没有让人觉得他是一个失败者。自清晨从公园里的长椅起床,他就向他所碰到的人微笑,不管对方是否在乎。而且他的微笑永远是那样的由衷和真诚,让人看上去是那么的精神抖擞、充满自信。

终于有一天,一个常去公园的大老板对原一平的微笑有了兴趣,他不明白一个吃不饱饭的人怎么那么快乐。于是,他提出请原一平吃一顿饭,可原一平拒绝了,他请求这位大老板买他的一份保险,于是,原一平有了自己的第一份业绩,这位大老板又把原一平介绍给许多商业上的朋友。原一平的自信和微笑感染了越来越多的人,他最终成为日本历史上签下保单金额最多的保险推销员。

原一平成功了,他的微笑被称为"全日本最自信的微笑"。

原一平的事例告诉我们,调节自己的情绪,使自己永远处于高兴的状态,那么真的能够获得成功。坏情绪会使得对方的情绪变得恶劣,使他讨厌你;良好的情绪也能感染对方,让他愉快地接受你。所以,控制及调节自己的情绪就是你首要掌握的。

你的情绪是由自己来控制的。旁人的称赞当然会使你获得良好情绪,但现实生活中的种种不如意的挫折以及反对的意见也会使你情绪变坏。控制自己的情绪,就是不等待别人的鼓励和暗示,自己利用积极的心态来主动控制和改善自己的情绪。以下几个方法值得借鉴:

**1. 找出使自己情绪不好的原因,然后努力消除它。**

当你情绪不好的时候,你要问一下自己,是什么使自己不高兴。然后想这件事是否真的有那么重要。即使它真的很重要,你也应该保持健康的心态积极面对,完全没有必要被它困扰。最后你应该用实际行动排除掉那些烦扰你的事情，释放你的心灵。

**2. 用自我暗示法调节情绪。**

有的时候，引起你情绪不好的原因很难排除，这时候，你就不妨先接受它，然后进行自我暗示。例如：对自己说："我是×××，×××是最坚强的!"积极的自我暗示能够调节情绪。

**3. 用行动转移法调节情绪。**

当心情开始变得不好的时候，去做点别的事情，让自己没有时间去思考那些不愉快的事情。

**4. 将自己不愉快的事情说出来。**

人在情绪不好的时候，有节制地发泄是必要的。你可以试着把烦扰自己心灵的事情说给好友或者家人听，以得到他们的安慰、开导，从而找到解决问题的办法。

**5. 要学会幽默。**

幽默是一种特殊的情绪表现，也是人们适应环境的有力工具。具有幽默感，可使人对生活保持积极乐观的态度。许多看似烦恼的事物，用幽默的方法对付，往往可以使人们的不愉快情绪立刻荡然无存，变得轻松起来。

**心灵秘籍**

良好情绪是人际交往过程中的润滑剂。我们应当熟练掌握微笑的技巧，得心应手地运用情绪心理规则，只有这样我们才能控制好情绪并用情绪感染别人，进而将一切掌握到自己的手里，轻松获取成功。

# 心情爽朗,远离亚健康

世界卫生组织将机体无器质性病变但是有一些功能改变的状态称为"第三状态",我国称为"亚健康状态"。目前,这种亚健康已经属于白领的常见症状,据调查表明,要远离亚健康,首要的就是心情爽朗。

当下,在城市中生活的人们对自己的健康状况要求越来越高。同时,生活压力越来越大,因此处于亚健康的人们越来越多。如何才能走出这个阴影呢?

每一个人对于健康都有自己的标准。传统的定义是没有疾病就算健康,其实这并不准确。只有身心愉快、没有疾病才算是健康。

据调查,现在全国有70%的人处于亚健康状态,另外有15%处于疾病状态,只有15%是真正健康的人群。亚健康人群是我国的主要人群。企业中有更多的人处于亚健康状态。

导致亚健康的原因很多,心理失衡是其中一个很重要的原因。中国心理协会副理事长刘福源说,许多心理失衡都可以引起亚健康。遇事紧张、过于敏感、精神涣散,都是心理疾病引起的。随着人们生活节奏的不断加快,出现这种心理疾病并导致的亚健康现象越来越多,其中典型的就是抑郁症。目前,我国因为抑郁症而自杀的人数激增。

那么心理健康有什么标准呢?具体说来有3种。第一就是要有好的性格。性格温和、意志坚定、感情丰富、豁达开朗是良好性格的具体体现。第二就是要有较好的为人处世能力,要客观现实地处理现实状况,能够应对复杂的社会环境。第三就是要有良好的自我控制力。待人接物的时候态度大方，不过分计较，乐于助人。

有一些症状可以表明一个人已经处于亚健康状况。比如连续多天心情持续低落对事物没有愉悦感、精力大大减退、大脑迟钝，等等。外在表现为食欲不振、失眠多梦。

生活中难免压力过多。面对压力一般可以自我调节，比如转换思维，暂时逃避，用其他方法去释放压力，也可以根据自己的爱好听一些音乐、看一些电影。有 3 种方法能使你减轻压力：自慰法。寻求"合理化"的理由可以帮你减轻因动机冲突或失败挫折产生的紧张和焦虑；升华法。把压抑和焦虑等不利情绪升华为一种力量，从心理困境中奋起；低调法。期望值越高，心理冲突就越大，要有"平常人"的心态。

以下是 7 个方便简洁的方法，在你心情不好的时候，不妨尝试以下7 种"心理假动作"，能让你的坏情绪在不觉间悄悄溜走。

1. **强装笑脸**。在心情抑郁、心理压力大或生气的时候，强装笑脸有时有助于释放不良情绪，有益于身心。

2. **收拾房间**。一间凌乱的房间让人感觉不舒服，经常收拾会让自己的心情变得大好。所以一定要定期收拾房间，让自己的房间变得整洁，窗明几净。

3. **穿蓝色衬衫**。蓝色是最适合放松心情的颜色。面对蓝色人们会感觉到本能的轻松。相反，黑色容易使人发怒以及不安。

4. **哼哼歌曲**。有研究表明，唱歌可以改善心情。因为唱歌可以调整呼吸，使全身都得到运动，有助于放松身心。

5. **选择合适的饮食搭配**。比如，将苦甜两种味道结合（在咖啡中加点橙汁），或者软硬食材结合（爆米花和坚果同吃）等，都能够给味蕾带来新鲜感，从而达到改善心情的目的。类似的食物还有中餐里的糖醋排骨、糖醋鸡块等。

6. **闻闻柠檬香。**实验证明柠檬香味可以提升心情、安神止痛,对身体非常有好处。

7. **与宠物亲密接触。**研究证明,多去亲近一下动物可以使人降低血压、平稳心律,从而降低心脏病的发病率。

情绪好坏关系一个人的身心健康。即使一个人物质上再富有,如果没有好的情绪,也会疾病缠身,不会获得真正的幸福。平安是福,快乐是福,只要一个人能够拥有快乐的心情,那么就算家徒四壁也可以活得快乐无比。放开一些,自己自然会得到幸福与健康。

# 良好的情绪让人变得美丽

情绪对于人的身心健康具有重要作用。很难想象一个不具备良好情绪的人能够有一个健康的身体和心灵。培养自己的良好情绪,就是给自己找到了一个私人医生,让自己永远处于健康的状态。

爱美之心,人皆有之。千百年来,人们总是千方百计地想让自己青春永驻、健康长寿而不衰老。如按摩理疗、调理饮食、使用高档护肤品等来护肤养颜,甚至不顾风险去做整容手术。有些人达到了美容效果,自然沾沾自喜。而有些人却用尽了各种美容方法仍达不到理想的美容效果。究其原因,其中一个很重要却很容易被忽视的因素就是情绪的控制。

众所周知,情绪变化对人的身体影响很大,长期的不良情绪甚至会导致人的生理功能紊乱。有关专家发现，不良情绪对人的容貌也有着很大的影响。

性格好的人，常常都是面容温和、常带微笑。笑能使人的面部和眼部的血液循环加速，从而令两眼明亮有神、面颊红润光滑。笑是人体心情舒畅、愉悦欢快的重要标志之一。笑能使人的心理和生理趋向最佳状态，因为笑能使人消除紧张情绪、增加食欲，使人体达到最佳的状态，从而使自己更加健康、看起来更加年轻。喜欢笑是一种宽容大度的表现，这种性格的人不容易生病，一般身体都很好。正所谓，笑一笑，十年少。

同样，那些喜欢发脾气的人，由于怒火太盛，大多数人都是面色灰暗，表情阴沉无光。因为情绪不好，面部肌肉会萎缩，这时就会出现皱纹，让人看起来很衰老。据调查，人在发怒的时候，血管会大量充血，出现缺氧的情况。因此性格不稳定的人，其面容比那些情绪稳定的人看起来要苍老得多。

所以，想要使自己的容貌永葆靓丽可人，就要保持健康的情绪，为自己建立一个良好的生活环境，可将音乐、运动、跳舞或旅游等活动安排到日常生活中去，或者为自己放一个较长的假期，暂离工作，也是一个行之有效的方法。必要时索性改变一下工作环境也是一种很不错的心理调节。

此外，即便是在繁忙的生活中，你也要保持一颗平静的心，不浮躁，始终相信心静自然安宁的道理。要学会释放情感，新时代赋予健康生活的主题是心理养生，即从精神、心理状态上进行调整，从而达到青春长驻、延年益寿的目的。

近年来，国外的一些"心理学治疗法"提倡一种"感情势能"，即心理上受到外界刺激时，一定要与承受力保持平衡。因为感情的激升或失落，会使人处于失调状态，从而造成"感情势能"。当其潜在的"能量"超过一定限度时,就会造成生理代谢紊乱,进而使免疫功能降低,引发或加重某些疾病的病情。

因此,在工作或生活中,要懂得取舍,学会拒绝,知道什么是最适合自己的、自己想要的到底是什么。正如你可以放弃工作所带来的金钱,但不能放弃工作带来的成就感。于是就要更加明确自己的所需,把握自己的未来,并且不张不弛、有条理地将其实现。

另外,生活中一些小的地方也不容忽视。要注意养生,注重食物搭配,还应该在房间布置上多下点功夫,将自己的居室变得整洁明亮。同时还要跟朋友多来往,互相倾诉衷肠,使自己的境界有所提升。

那么,当你情绪不好的时候,具体应怎样做才能保持良好情绪呢?

1. **遗忘法**。不把今天的烦恼带到明天,要尽快遗忘不愉快的事情,要做到不钻牛角尖,多想事情光明的一面,少去想阴暗的一面,使自己的心情尽快舒畅起来。

2. **宣泄法**。苦恼的时候,去找你信任的、谈得来的朋友倾心交谈,及时将心中的郁闷倾吐出来,以免越积越多,以致最后积压成疾。

3. **转移法**。当情绪不佳时,可将注意力转移到其他活动上去,如打球、唱歌、写字、购物等,从而将你心中的愤怒、忧愁、苦闷、烦恼、焦虑等情感转移或替换掉。

4. **宽容法**。对别人应当宽宏大量,不能强求别人一定按你的想法去办事。适度原谅别人的过错,给别人改错的机会,这样你会减少很多生气的原因。

5. **陶冶身心法**。经常参加活动,培养自己的兴趣爱好,使自己的生活更加充满情趣。要在工作之余经常到户外走动,旅游怡情,体验大自然的无限乐趣。

6. **放松训练法**。具体的做法是:在被人激怒后或十分烦恼时深呼吸，同时摒除脑海中的一切杂念，配合肌肉的松弛训练。这种方法在心理工作者的数次指导后即可自如运用。

 **心灵秘籍**

都说外表是与生俱来、无法改变的，其实也不尽然，不同情绪下的你展示给别人的是完全不一样的形象，愤怒使你看起来丑陋，开朗使你看起来美丽，记得保持一个好的心情，或许过一段时间镜子里的你就会更加美丽。相信这一点并尝试着去做。

# 第七章

## 解读自我，创造和谐
### ——过于完美的完美就是残缺

完美是人们向往美好事物时所产生的目标和渴望，对于完美，每个人都会有不同的见解，甚至同一个人在不同时期、不同环境下也会有不同的见解。残缺在大多数人的眼中是阴暗的、不完整的，是人们在现今社会尽力去避免的，但随着人们为了完美而竭尽全力去除残缺的时候、耗尽一生的精力回过头来却发现完美和残缺是共存的、不可分割的，过于完美的完美就是残缺。

# 完美不一定最美

现实生活中的人们都在追求着完美、家庭、事业、感情等。而完美是相对的，要靠自己的心态来决定。有的时候，完美没有一个固定的模式，也没有一个固定的程序，更没有一个统一的定义和高度。

完美只是一个人固执的自我要求，任何事情都不可能十全十美，任何人也不可能都是优点，所以完美只是人们不理智的一厢情愿。如果你对自己所追求的东西过于苛刻，完美就会因总是无法达到期望值而变得很遥远，有时难免会让人失望，让人感觉到累、悲观和沮丧。可以这么说，完美不代表幸福，而且往往会给人带来不好的情绪，甚至可以说追求完美的人总是很痛苦，因为这个目标永远不可能达到。

从美学的角度看，人们所追求的完美是可以达到的。但如果把它放到生活中来实现，并把它作为唯一的目标来追求，反而会适得其反，会徒生许多的烦恼，会影响你的心态和生活质量。不追求完美不意味人生就失去了很多的创意和乐趣，但为了完美而完美带来的结果往往是不完美。

做事情如此，寻找爱人也是如此。女孩子总是希望找到自己心中完美的白马王子，于是苦苦寻觅，但总是难以如愿，身边的男孩子不是这一条不符合，就是那一点不合格，最终发现其实符合自己条件的人根本就没有。过了三五年，女孩子已经变得有些沧桑了，于是不得已降低了条件，最后随便找个人嫁了。

美国影片《阿甘正传》里主人公阿甘说："什么叫最对？"生活往

往是这样的：这件事你做到极致了，另一件事就会有所缺失。事物总是变化的、动态的过程。工资从一万涨到两万，幸福感就会油然而生；从科员提升到副科长，或者从科长提到局领导岗位，那种成就感会令你感到幸福，或者感到完美。可是这种完美的感觉过了一段时间就会慢慢消失，于是完美的程度又回到从前。

每一次完美理想的实现，都会给我们带来幸福感，但是这种幸福感只是暂时的。明白了这样一个基本的理念后，你就不会为某一件事变得"一根筋"，或是陷入小说中描写的"执拗"。

当我们得到或达到了自己所谓的完美，就会发现完美与缺陷的共存。同时在过度追求完美的过程中，我们会错失了很多沿路的风景。

古语说得好："金无足赤，人无完人。"世上有谁见过绝对完美的人和事物呢？那是根本不存在的。既然不存在，刻意地追求就没有意义。苛求完美从心态上讲本身就是畸形，浮于表面的美丽和诱惑实际就是陷阱，会让我们的精力分散、迷失路途而忽略了对重点的把握。

有一个人幸运地获得了一颗硕大而美丽的珍珠，然而他并不感到满足，因为在那颗珍珠上面有一个小小的瑕疵。他心里想，若是能够将这个小小的斑点剔除，那么它肯定能成为世上最值钱的宝物。于是，他就狠下心削去了珍珠的表层，可是斑点还在；他又削去第二层，原以为这一下可以把斑点去掉了，殊不知它仍旧存在。于是他削来削去，直到最后，那个斑点是没有了，而珍珠也不复存在了。

这个人后悔不已，并因此一病不起。在临终前，他仍无比懊悔地对家人说："如果当时我不去计较那个斑点，那我现在便拥有世界上最宝贵的珍珠！"

很多时候我们就是如此，因为一个小小的瑕疵而放弃了整个美好。再美好的东西也难免会有缺陷，我们要做的不是想方设法把那个难以去除的缺陷去除掉，而是把眼光放在那些美好上，否则到最后只能追悔莫及。

　　一本书中，有一个形象生动的故事。

　　一个圆，失去了好大一部分，它努力追求自己能够恢复完整，因此四处寻找失去的部分，因为它残缺不全，只能慢慢滚动，所以沿途能在路上欣赏花草树木，还能驻足和毛毛虫聊天、享受阳光。它找到各种不同的碎片，但都没有合适的，所以就把它们都留在路边，继续往前寻找。有一天，这个残缺不全的圆找到一个非常合适的碎片，它很开心地把那个碎片接上了，开始滚动。它终于是完整的圆了，而且还能滚得很快，快得使它注意不到路边的花草树木，也不能和毛毛虫聊天。它终于发现滚动太快使它看到的世界与以往完全不同，便停止滚动，把补上的碎片丢在路旁，慢慢滚走了。

　　很多时候，完美并不一定最好，上帝是公平的，你得到了一些东西，也就会失去一些东西，就像是这个圆，当自己不完整的时候追求完整，可是却发现自己的完整其实是人生的大不完整，由此人生很多乐趣都没有了，最终不得不主动地丢弃了完整。

　　下面这几段文字是一位得知自己不久将离开人世的 85 岁的老先生写的，其中的言语值得我们回味。

　　如果我能再活一回，我会尝试犯更多的错误。我不会那么刻意要求完美，我要多休息，随遇而安，我处世不会像以前那么精明。其实世间值得去斤斤计较的事少得可怜。我会更疯狂些，也不那么讲究卫生。我就是那种一天又一天、一个钟点又一个钟点过得小心谨慎、清醒合理的人。哦，我也曾放纵过，如果一切能重来，我要享有更多的那样的时刻，每一刻、每一秒。如果一切能重来，我要在早春赤足到户外，在深秋整夜不眠。我要多坐几遍旋转木马，多看几次日出，跟更多的儿童玩耍，只要人生可以重来。

不必过分注重自己的形象；不要总想着自己的身体缺陷。每个人都有自己的缺陷，完美无缺的人是不存在的。对自己的缺陷不要念念不忘，其实，人们是不会刻意注意那些缺陷的。只要少想，自我感觉就会更好。

此外还要注意修正理想中的自我。每个人都有自己的理想，都能看到自身的不足并朝着理想努力，这是一个人进步的动力。但是，当期望值太高时，受到挫折就不可避免了，所以应该努力使理想自我的内容符合现实自我所能作出努力的程度。

有一句老话："凡事只求八分好。"留二分发展的空间，还可以有更大的作为，否则，看似"完美"，其实是不给自己留有余地，"完美就不一定是最美"。一杯水注满了就会溢出来，花朵盛开到最完美的时候就离凋谢不远了。

# 经常进行自省

人们都知道反省的重要性，现实中我们都在追求反省，而大部分人都把这种行为依托给他人、朋友，而忽略了自己，借助外力的反省没有持续，我们应该回归自我，世界上最可靠的朋友是你自己，而最被人忽视又最无法躲避的朋友还是你自己。摒除自我的遗弃，正视自己，养成自我反省的良好习惯，你会得到得更多。

错误存在于人的一生当中。犯错的人不可怕，可怕的是接二连三地犯错。当我们感觉自己在犯了某种错误的时候，就会发觉我们在生活中缺少了一个重要的步骤，那就是我们没有及时做到"一日三省"，没有在每天结束的时候思考自己今天的得失，没有及时阶段性地总结自己的人生，没有把握好做人的尺度和方向，没有不断提高自己的素质和品位，以致当错误降临时，我们茫然无措、悔之晚矣。

《论语·学而》中写道："子曰：巧言令色，鲜矣仁。曾子曰：吾日三省吾身：为人谋而不忠乎？与朋友交而不信乎？传不习乎？……"

这是教导我们每日要多次地自我反省：自己做过什么、做对了什么、又做错了什么？反省是力量、经验、才华、见地的积存，可以使你减少犯同样的或类似的错误，甚至不再犯同样的或类似的错误。上天公平地给每个人的都是 24 小时，反省的人在日日积累，在不断地进步。不反省的人在日日打渔，不进则退。在日积月累中，人与人也就拉开了距离。

人们都知道教学相长的含义，就是你在教导别人的时候，自己也在成长。你可以回忆一下，领导让你准备些资料明天要当众演讲，你应该会准备很多，看很多资料，在准备的过程中你会得到很多方面的知识，也许第二天你在台上讲得不太好，甚至说不出来，但是你真的会得到很多知识，只有自己才明白。也就是说在精心地准备做一件事情的时候，你会有很大地提高，如果你天天如此，你的能力就会得到最大化的提高。所以才会有三省的第一句："为人谋而不忠乎？"

现实社会，交际不可避免，在交友的时候，我们看重对方的人品，都希望交个讲信用的朋友。谁也不愿意和一个不讲信用的人做朋友。就是一个自己不讲信用的人，也都愿意和讲信用的人交朋友，由此可见讲信用的人最受欢迎。人要成功就离不开别人的帮助，如果你不讲信用，帮助你的人就会很少，就很难在事业上成功。你是否讲信用，其实他人一眼就能看出来。有时候，你不讲信用，可能暂时会给自己带来方便，甚至带来巨大的利益，可是这个利益只是眼前的，因为你的这一次不讲信用,可能导致你以后再也找不到合作伙伴了,因为大家都知道你不讲信用,就算是以后你改过了,别人也很难相信你,总是对你心存戒备。可是你如果每次都很讲信用,可能你会吃亏,但是大家的眼睛都是雪亮的,大家都能看得到,虽然嘴上不说,可是会在心里对你竖起大拇指,会对你有更深的信任,就会有更多的人愿意与你合作。因此,就有了三省的第二句:"与朋友交而不信乎。"

人和人永远不会平等,也不要奢望平等的降临,就像当"公仆",不是每个人都能当上的,人和人的区别在于大脑里装的知识,傻子和伟人的区别在于智力上,生理上的区别不大。平时学会身后背一个小筐,腰里别一把铲子,见到有才华的人,要用小铲挖一点儿东西装入自己的小筐里,时间长了自己也会成为智者、成为有才华的人,这就形成了三省的第三句:"传不习乎。"

相信在每个人的生活中,总会遇到一些讨厌的人物和棘手的事情,碰上这种情况你该怎么办?到底是选择逃避还是反抗?也许很多人都有自己的经验,但最有效的方法就是敢于面对现实。

逃避现状是自欺欺人的做法,不予以提倡,因为那种做法根本无法解决存在的问题;选择反抗也不可取,因为这样只会增加事情的严重性,导致不可收拾的后果。无论是逃避或是反抗,都会使双方的对立关系雪上加霜,一旦累积的负面情绪爆发出来,就算是小得不能再小的小事,都会成为致命的杀机。

有这样一个故事,一位青年和朋友外出喝酒,晚上很晚才回到宿舍,他并未立即上床就寝,还准备吃点心。灯光影响到同寝室的其他同事,其中有一位陈姓同事平时与他为了加班时数早已意见不合,这时又看见他不睡觉打扰别人,于是出面干涉,双方因而发生争吵。

争吵之际,两人打了起来。两人在厮打的过程中,陈姓同事拿出一根铁条殴打这位喝了酒的青年,而这位青年也不甘示弱,从床铺下拿出水果刀往陈姓同事的身上连捅数刀，直到对方受伤倒地为止。

案发后，其他同事赶紧向老板通报，虽然随即将陈姓员工送医急救，最后因伤重不治身亡；而凶手发现事态的严重，急忙收拾行李准备离开，但仍被及时赶到的警察逮捕移送法办。

人最大的通病，就是喜欢指责别人，不喜欢自我检讨。很多时候冲动只能带来不可挽回的后果，如果我们能多从自身出发考虑事情，能够多看看自己的缺陷，那么问题就不会这么严重了。

很多人在指责别人的过错，从中获得虚荣的成就感，自我感觉良好；当自己遭受别人的指责时心情则低落郁闷，甚至怀恨在心。正因为大多数人都无法忍受别人的指责，所以经常为了小事而发生争执，于是一再上演原本可以避免的悲剧。

美国企业家亨利·凯撒说："不管任何时候，我们都可能遇到阻碍。我小时候喜欢穿溜冰鞋上学，跑得愈快，风的阻力就越强。当我在公司遇到与同事意见不合的情况时，我们会立即进行彻底的讨论，在彼此的讨论中，会发现有一股不可思议的良知在引导着我们。"

没有人愿意受到别人的指责，尤其是不怀好意的责骂只会引起对方的反感。同样地，当你指责别人时，别人一定会变本加厉地回报你，你来我往，很可能演变为激烈的冲突场面，一失足成千古恨。

有句广告词说得好："刮别人的胡子之前，先把自己的刮干净。"指责别人会显露出自己的器量狭窄，虽然能得到一时的满足，事后却背上"小家子气"的恶名，得不偿失。

如果能学会自我反省，不但能安抚自己的情绪，也会减少对别人的指责，当然更能化解许多不必要的争执。

**心灵秘籍**

己所不欲，勿施于人。知人不必言尽，留余地于人，留口德于己；

166

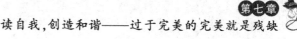

责人不必苛尽，留余地于人，留肚量于己；才能不必傲尽，留余地于人，留内涵于己；得理不必抢尽，留余地于人，留宽容于己；凡事不必做尽，留余地于人，留余德于己。

# 懂得放弃

人活在这个世上，需要作出选择的东西或事情很多很多，只有经历过了才懂得如何坚持与放手。梦想，追求过了，才懂得如何去坚持；感情，伤过了，才懂得如何去放弃。珍惜一个心仪而又来之不易的朋友、放弃一份付出却毫无收获的感情，都是一份抉择，也是一种艺术。

人们总想抓住身边所有的一切，然而抓在手里的东西太多便会有一些珍贵的东西在不经意间从手中滑落，猛然发现时却为时已晚，想要寻回却不知该到哪里去寻找。在岁月的流年里，我们丢失了多少？留在手里的又有多少是自己真正想要的？

随着年龄的增长，很多人都明白，拥有平淡是一份怡人的礼物，放手一些事情对自己、对别人都是一种自由的解脱。

懂得放弃的人是理性的，放弃并不代表逃避，因为放弃也是一种明智的选择。人生在世，有很多美好而难得的东西值得我们去孜孜追求、永不放弃，但是很多东西是我们一辈子都难以得到的，这个时候需要我们有自知之明的放弃。放弃，并不是一个人懦弱的表现，而是一个人的勇气所在，因为放弃也需要无比的勇气。人一定要有勇气，拿得起就要放得下，更何况有些东西我们从来就没拿起过，也就不存在放不下的问题。

有些东西，不要说你放不下，更何况这个世上就没有放不下的东西。放弃后会有失落、会有感伤，然而这些失落和感伤并不妨碍自己去重新开始。在新的时空里将音乐重听一遍、将故事再写一次，然后潇洒地转身，挥挥衣袖，将背影留给那些无知的人。漫漫人生，我们要走的路还很长，不要老是驻足于身边盛开在自己窗前的那朵玫瑰，相信前面还有很多的美景等待着我们去欣赏，很多时候，其实放弃就是得到，放弃了大山，也许你就看见了大海；放弃了花园，在你面前的或许就是神秘的森林。放弃就是得到，因为你不可能拥有所有，你只能先放弃才能得到，人生的整个过程就是不断地放弃再得到，不断地得到再放弃。

　　放弃，不是一个刻意的转身，而是一次自然的告别，它富有超脱的精神。其实人生很多时候都需要自觉地放弃，曾经有过想让一切成为永恒的感觉，然而随着无情岁月的冲洗，才发现它已渐渐消逝了。世间有很多的美好事物，对于我们未曾拥有过的美好，我们一直都在苦苦追求与向往。为了获得，奋斗不止。可是自己真正所需要的往往在经历许多年后才明白，到时候我们就会傻笑自己，傻笑自己曾经无知地付出、固执地追求。我们曾经不顾一切追求的东西，到最后变得一文不值。夕阳即逝的叹息、花开花落的烦恼，都是一种遗憾美。人生有许多遗憾美，拥有的时候，我们也许正在失去，而放弃的时候，我们也许又在重新获得。

　　坚持的反面就是放弃，放弃所有的不可能，是为了坚持所有的可能。人生当中会有很多的机遇，但是这些机遇不可能人人都能得到。很多时候我们没有抓住机遇是因为我们总是停留在原地不舍得放弃、不舍得挥手。放弃就是给新的世界一个机会，放弃就是摒弃过去、迎接未来。

　　人的一生有很多愿望，有的愿望通过努力可以达到，但有的愿望却是遥不可及的，甚至是不能实现的。与其做徒劳的努力，倒不如选择放弃。

歌德说："生命的全部奥秘就在于为了生存而放弃生存。"柳宗元也讲述过这样一则故事：永州山洪暴发，几个人划着小筏逃生，渡至江心，小筏被波浪打碎，他们争相游泳逃到岸边。只有一个人，腰中缠了一千钱在水中挣扎，人们劝他丢掉钱财，但他却不肯，结果命丧水中。故事告诉我们："两弊相衡取其轻，两利相权取其重"，是智者的选择。

　　长征途中，红军毅然决然地扔掉笨重之物，全部轻装上阵，才有了四渡赤水出奇兵的佳话，所以放弃乃是一种大智大勇。懂得放弃，才能走得更远。永不言弃，精神固然可嘉，但为追求一个虚无缥缈甚至是海市蜃楼般的目标，实在有所不值。电影《卧虎藏龙》中有一句很经典的话："当你握紧双手，里面什么也没有；当你打开双手，世界就在你手中。"不肯放弃的人，到头来将一无所获。学会放弃，生命才丰富多彩；学会放弃，才能有新的目标。

　　放弃缠绵悱恻的感情纠葛，只把它当做一次美丽的邂逅；放弃人世间的恩怨情仇，只当做人生旅途的一次磨炼；放弃虚荣的光环，做个脚踏实地的人；放弃权势的明争暗斗，远离无谓的生命消耗。

　　当人生舞台趋于落幕之时，你会发现，放弃是一种收获。你收获了一份至真至纯的人间情谊，收获了一种超然物外的洒脱，更主要的是收获了一份恬静淡然的好心情。

## 心灵秘籍

　　月有阴晴圆缺，人有悲欢离合。月不常圆，人不常在。人生在世，我们必须要明白，放弃并不是一种愚蠢的行为，懂得放弃的人才能得到更多，懂得放弃的人生才能充满无尽的美好和神秘，因为放弃就是为得到争取机会。

# 允许自己"灵魂出窍"

　　每个人都有着属于自己独一无二的灵魂世界，在那个世界里我们是自由的，无拘无束的。然后现实又是这么的残酷，我们必须被很多条条框框局限，仿佛自己的身心就受到了禁锢。因此我们经常在做某些不感兴趣的事时走了神，仿佛灵魂出了窍，早就不知跑到哪个未知的角落了。其实这也没什么不好，只要确定不会给眼前事造成过大损失，就让字的灵魂在外面飞一会儿吧。

　　很多时候，我们应该给自己的灵魂以自由的空间，我们应该允许自己不考虑任何事情，只是单纯地遐想。

　　当然，我们健康地活着，努力奋斗拼搏，认真地履行自己作为芸芸众生中一员的职责，可以说没有什么机会去"灵魂出窍"，那么为什么笔者又用这个作为题目呢？在这里，笔者借用灵魂出窍这个名词，其实想表达的就是选择一个合适的时段，允许自己抛开现实，天马行空地放纵自己的思维，给自己一个畅想的机会，或者给自己的思想一个小小的假期，让自己开个小差。

　　我们都挣扎在当今无停歇的现代节奏中，工作的压力、家庭的压力乃至生存的压力都让我们透不过气来，可以说每时每刻我们都会感到一种危机感、压迫感乃至无力感，而这些又会反过来对我们造成众多负面的影响，比如抑郁、胆怯、退缩直至一事无成。

　　在平日的工作中，"胡思乱想"可以说是一大忌，各种成功学的讲座都在教导着我们用各种方式来避免自己的思想开小差。但是据心理学家研究发现，"胡思乱想"有助于消除工作、生活中的紧张疲劳，起到放松身心的作用。所以当你在繁忙后感到疲乏、困倦、无聊的时候就放纵自己，试着去胡思乱想吧。你可以想象你今天中了500万的彩票，然后如何规划这笔钱；你也可以想象，今天老板突然走到你面前，把你提升为他的副手；你更可以想象，你回到了古代，成为了一统天下的皇帝……总之，你的思绪可以四处遨游，只要是快乐的、沉醉的，就可以给你的精神带来极大的放松，从而使你疲劳的大脑更快地得到恢复。当然，我们都知道，这种想象的目的只是为了缓解疲劳，只是为了给自己劳累的心灵放个假，很多事情显然是无法实现的，也不必过分地奢求。

有一种比胡思乱想更远离生活、更"不切实际"的行为，那就是"白日梦"。有时候，我们看见一个人在盯着什么东西出神，一会儿自言自语，一会儿又"咯咯"地笑出声来，而当问及他在想什么、笑什么时，他会茫然地回答你："什么也没有想。"的确，对方确实没有想，而是在做梦，这种大白天睁着眼睛做梦的情景，在心理学上叫"白日梦"，也被雅称为"遐想"。

在日常生活中，人们往往会把"白日梦"同好高骛远、想入非非、不求实际、不自量力等名词联系在一起。但经过心理学家研究证实，做"白日梦"并不完全是一件坏事，它和上文提到的"胡思乱想"一样，是一种有效的松弛神经的方法，甚至对解决一些疑难问题也会起到一定的帮助。

研究表明，白日梦和夜间梦一样，是人们在生活中得到的信息部分绕开了知觉而成梦的原始资料，而这些无意识的资料，在做梦的时候就成为一幅幅电影图像拼凑而成梦的情节。二者的不同是白日梦的情节绝大部分是导向愉快的结局，这对人的精神心理有积极的修复作用。它可以让人忘却烦恼、保持身体的健康。据相关调查显示，不论是男女，所做白日梦的内容大体相同，无非是万贯家财和浪漫爱情及其相似的类型。相比较之下，男人的白日梦更富有浪漫色彩：如果想拥有无穷无尽的财富，就会当自己是比尔·盖茨；如果想成为一名优秀的运动员，就把自己想象成迈克尔·乔丹；如果想拥有浪漫的历程，那就试着幻想与自己最心爱的人结合……此外，做白日梦还可以舒缓痛苦，如生活中，厌倦令人痛苦，愤怒也会令人痛苦，每当这时候做做白日梦，想象自己正在阳光灿烂的沙滩上度假，甚至再去赢得沙滩排球赛冠军，痛苦也就变得不治而愈了。

"灵魂出窍"在精神调整方面的作用，应该说是属于我们工作的辅作用，但是某些时候又恰恰是这些所谓的"胡思乱想"和"白日梦"决定了一个人一生的辉煌。众所周知，量子物理学被称为"男孩物理学"。20世纪初期，那些伟大的科学家们在二十几岁的年纪便提出了量子物理学的各种理论，包括爱因斯坦的相对论等，而这些灵光乍现得来的神奇理论固然是建立在他们渊博知识的基础上，但是在量子物理学没有什么基础理论存在的当时，谁又能否认他们天马行空的"胡思乱想"与"白日梦"在其中的重要贡献？

美国心理学家朴克杰说："白日梦的内容题材多，属于个人关心的切身事情，由于脑筋不受传统思维形式限制，问题经过深思熟虑、反复推敲，往往会激发出意料不到的解决方案。"彼特博士也说："想象力是解决问题的钥匙，许多时候，当人们百思不得其解时，白日梦往往会给你提供答案。"我们读过很多故事，主人公在百思不得其解中倦倦入睡，继而梦中惊醒的他从梦里得到了答案。没错，这其实就是所谓的灵感乍现。爱迪生说过："天才是99%的汗水加1%的灵感，而这1%的灵感又是至关重要，起决定性作用的。"所以，当你遇到解决不了的问题的时候，不妨试着放纵自己的思维，让"灵魂出窍"一次，或许灵感就会随之而来。

心灵秘籍

合理安排时间，给自己留点儿空闲来做做"白日梦"放纵自己的思维,随其畅游,或许会有意想不到的收获在等着你。

# 活出真实的自我

人在这个世界上,大多数都是在父母的期盼中长大,在外人的有色眼镜中生活,似乎我们都是为了别人而活,原本可以开怀大笑的场合需要掩饰自己的心境,原本可以堂堂正正的文字,在编辑的"手术"后,变得棱角全无,我们许多纯真的印记都被世俗和敌意所掩埋,在顺应了人世间所有的一切标准和框架后,却迷失了自我。

人究竟该怎样活,世间没有这门必修课。有些人追求所谓的拜金信佛,可是却搞不懂什么是生活的本意,甚至脚踏黄泉都未悟出其因果,难怪有那么多人想不开,难怪活着的人常常闷闷不乐。

人一旦活着,就很难摆脱功名利禄这个旋涡。富贵人人求,忌讳的是贪婪,为了眼前利益,刀光剑影、你争我夺,想来实在愚蠢至极。人生不过几十年,匆匆如过客,没必要背负更多的身外之物。淡泊名利不是怯懦,也非不食人间烟火,而是一种境界和超脱,唯有目光远大、不落陈俗的人,才可能成就大业,懂得生活的真正含义。

有的人一辈子给自己设定的目标实在太多,如场面、虚荣、尊严、名分等,要获得别人眼里想要的一切成果,最终只能终日演戏,戴着面具示人,套着枷锁生活,唯恐在竞争中落败或不能赢得他人的认可。

生活给予我们短短的几十载,让每个成长的生命都思索自己的存在的价值和分量。人活一生,也许不能轰轰烈烈,但要活出个真实的自我,不要活得太累、太难过。大千世界,很多人为了名利丢失了自我,总是戴着面具做人,说自己不想说的话、做自己不想做的事,久而久之，自己的内心就会非常沉重，因为当夜深人静的时候，当辗转反侧的时候，会有一个真我出来讨伐我们，会有一个真我出来斥责我们，这时候，我们会痛苦难耐。所以，我们要活出真我，很多事情并非虚伪才能办得到，做事情的方式有很多种，而出卖自己将是成本最高的那一种。

别人的看法固然重要，但是不能因为这些而左右我们的思想。但丁说，走自己的路，让别人去说吧。不要因为别人的话而改变自己的生活，不要让自己活得如此之累。让自己过得轻松一点，好好地享受时光，学会让自己的心灵自由，活出真实的自己。

大千世界，芸芸众生，难免会有一些人跟你谈不来，既然不可能赢得每个人的心，那么何必虚伪地硬要有友无类呢？我们不可能让所有人成为我们的朋友，也不可能让世界上所有的人都喜欢自己。一个人活在世界上，首先是实现自己的人生价值，而不是为求得所有人的认同甚至拥护。敌人的存在，证明了你的价值，这自然不是一件坏事，所以你完全没必要花太多时间和精力去讨好任何人。拥有天下最好的人缘固然是一种幸运，可是有的时候，"人生得一知己"足矣。

人如果总是患得患失，过于注重别人的态度，将自己的得失建立在别人的言行上，何来乐趣可言？你不能控制别人不能误会，既然不能掌控，那就让他误会好了，何必在乎？如果有人看不清楚事实，那纯粹是这个人的损失，与你无关。别人冷漠了你，并不意味着你的价值不存在；别人如何地看轻你不重要，重要的是你不能自己看轻自己，当别人都不相信你的时候，你也要相信你自己，因为路是自己的，人生是自己的，你何必为了别人的一些别有用心的话而放弃自己呢？

被公认为美国历史上最伟大的总统林肯当选总统那一刻，整个参议院的议员都感到尴尬，因为当时美国的参议员大部分出身望族，自认为是上流优越的人，从未料到要面对的总统是一个出身卑微的人——林肯的父亲是个鞋匠。

于是，林肯首度在参议院演说之前，就有参议员计划要羞辱他。当林肯站上演讲台的时候，有一位态度傲慢的参议员站起来说："林肯先生，在你开始演讲之前，我希望你记住，你是一个鞋匠的儿子。"所有的参议员都大笑起来，为自己虽然不能打败林肯却能羞辱他而开怀不已。

等到大家的笑声停止后，林肯不亢不卑地说："我非常感激你使我想起我的父亲，他已经过世了，我一定会永远记住你的忠告，我永远是鞋匠的儿子。我知道我做总统永远无法像我父亲做鞋匠做得那么好。"参议院立刻陷入一片静默之中，林肯转头对那个傲慢的参议员说："就我所知，我父亲以前也曾经为你的家人做鞋子，如果你的鞋子不合脚，我可以帮你修理它，虽然我不是伟大的鞋匠，但是我从小就跟父亲学会了做鞋子这门手艺。"

然后他用温暖的目光扫视着全场所有的参议员："对参议院里的任何人都一样，如果你们穿的那双鞋是我父亲做的，而它们需要修理或改善，我一定尽可能帮忙。但是有一件事是可以确定的，我无法像他那么伟大，他的手艺是无人能比的。"说到这里，林肯流下了眼泪，顿时全场爆发出了雷鸣般的掌声。

林肯以自己是一个鞋匠的儿子为自豪，他并没有自己丢弃自己，而是用一生来证明了自己，用一生来驳倒了别人对自己的怀疑，到最后，谁能说鞋匠的儿子不能成为美国的好总统，不能成为世界上有影响力的人呢？

一个人的气度、修养、胸怀、魄力决定着他控制自己情绪的能力。自古以来，所有的伟人和智者无一不是善于管理自己情绪的人。面对来自周围的毁谤和批评，我们仍要淡定自若。人要坚守住自己的信念，因为人生苦短，我们需要自己去走自己的路，别人可以肆意地看不起我们，可是他们只是外人，再怎么说也没办法帮我们走完人生，所以何必要在意那些无关紧要的人的话呢?

活出真实的自我,不受别人掌控,一步一步走向自己想要的人生,也许荆棘满地,但是我们要坚定不移地走下去,因为我们付出是为了得到自己想要的真我。

# 学会宽恕别人

宽恕是一种生存的智慧、生活的艺术,是看透了社会人生以后所获得的那份从容、自信和超然。宽恕是一种博爱的情怀,是化敌为友的绝妙武器。宽恕是一个快乐的源泉,是让自己的苦痛化作幸福的魔法石。宽恕是一种高贵的人生姿态,是令众人折服于你的最大砝码。

宽恕别人说来容易,要做到却不易。关键的是,你的心灵是如何选择。当一个人选择了仇恨,那么他将在黑暗中度过余生;而一个人若选择了宽恕,那么他就能将阳光洒向大地。古语常说:“知错能改,善莫大焉。”既然如此,面对一个人在无意中犯下的错误,我们为何不能宽恕呢?当我们的心灵为自己选择了宽恕的时候,我们便获得了应有的自由。每一个人都需要朋友,多一份宽恕,便能令我们多一位朋友。人不可能不犯错误,每一个人也不可能一生都做得完美。很多人总是会侵犯我们,如果我们对他们报以仇恨,那么我们就会痛苦万分,我们就无法再继续安静地生活,我们就总是因为他的错误来折磨自己。但是如果我们原谅了他,我们便放下了自己内心的包袱,可以轻装上阵,不再每天自寻烦恼,更重要的是,我们可能会因此得到一个朋友。

美国前总统林肯幼年曾在一家杂货店打工。一次，因为顾客的钱被前一位顾客拿走，顾客与林肯发生争执。杂货店的老板为此开除了林肯，老板说："我必须开除你，因为你令顾客对我们店的服务不满意，那么我们将失去许多生意，我们应该学会宽恕顾客的错误，顾客就是我们的上帝。"许多年后，林肯当上了总统。做了总统后的林肯说："我应该感谢杂货店的老板，是他让我明白了宽恕是多么的重要。"

　　很多时候，宽恕别人就是宽恕自己、就是解放自己。很多时候宽恕一个人是不得已的，因为总是不宽恕，我们就会失去更多的东西。杂货店的老板认识到了这一点，他明明知道林肯是无辜的，但是仍然辞退了林肯，原因就是，如果不开除林肯，那么杂货店将会失去很多客人，所以他选择了宽恕。

　　中国有句老话：退一步海阔天空。给别人一个机会的同时不也是给自己一个机会了吗？对于已经过去的事又何必一定要斤斤计较呢？

　　在美国南北战争期间，有一个名叫罗斯韦尔·麦金太尔的年轻人被征入骑兵营。由于战争进展不顺，士兵奇缺，在几乎没有接受任何训练的情况下，他就被临时派往战场。在战斗中，年轻的麦金太尔担惊受怕，终于开小差逃跑了。后来，他以临阵脱逃的罪名被军事法庭判处死刑。

　　当麦金太尔的母亲得知这个消息后，她向当时的总统林肯发出请求。她认为，自己的儿子年纪轻轻，少不更事，他需要第二次机会来证明自己。然而部队的将军们力劝林肯严肃军纪，声称如果开了这个先例，必将削弱整个部队的战斗力。

　　在此情况下，林肯陷入了两难的境地。经过一番深思熟虑后，他最终决定宽恕这名年轻人，并说了一句著名的话："我认为，把一个年轻人枪毙对他本人绝对没有好处。"为此他亲自写了一封信，要求将军们放麦金太尔一马："本信将确保罗斯韦尔·麦金太尔重返兵营，在服完规定年限后，他将不受临阵脱逃的指控。"

如今，这封褪了色的林肯亲笔签名信，被一家著名的图书馆收藏展览。这封信的旁边还附带了一张纸条，上面写着："罗斯韦尔·麦金太尔牺牲于弗吉尼亚的一次激战中，此信是在他贴身口袋里发现的。"

一旦被给予第二次机会，麦金太尔就由怯懦的逃兵变成了无畏的勇士。很多时候我们需要给予别人第二次机会，每个人都有犯错的时候，我们不能仅仅因为一个错误就否定了这个人，很多错误确实是无意之间造成的，很多时候宽恕也许会带来奇迹。

一个人懂得宽恕别人、懂得用宽容的眼光来看待世界才能得到更多美好。很多时候，很多人并非有意地犯错误，很多错误压根就是无意中犯的，甚至犯了错误以后他们还不知道自己错了，这种人，我们又怎么忍心去怪罪呢？正所谓，人不知而不愠，不亦乐乎？即使他是有意犯了错，我们也可以试图站在别人的角度上去理解他，也许很多错误真的不是不得已而为之，他有他的苦衷，如果我们理解了，或许我们就不会那么气愤，所以当一个人真的冒犯了你，你要试图知道原因是什么，而不是简单的、盲目冲动的仇恨，因为仇恨不能解决任何问题，只能给你和他都带来痛苦，甚至会大大地激化你们的矛盾，也许他本来没想伤害你，因为你的仇恨，他不得不伤害你。

所以，宽容是为了给自己和别人一片更加美妙的天空。

 心灵秘籍

古人云：壁立千仞，无欲则刚；海纳百川，有容乃大。一个懂得宽恕的人，他的人生才能更加美丽；一个懂得宽恕的人，他的心胸才能更加宽广。一个懂得宽恕别人的人才能得到他人的宽恕。

# 学会自我激励

有人说过，每个人不可能永远都充满激情和斗志，所以，我们需要不断激励自己来保持激情和斗志。不要企图活在别人的激励中，自励才是最有效的激励方式。没有人能真正改变你，只有你自己才能改变自己。

懂得自我激励的人能够始终保持乐观的态度，能够不断克服面临的困难，逐渐培养自己坚强的个性、顽强的品质，最终他会是一个成功的人。人需要自己鼓励，自我鼓励能够产生巨大的力量，能够让我们有足够的勇气去完成我们的目标，能够自我鼓励的人往往能够有更多的机会取得成功。

一个能够做到自我激励的人，他具备以下几点品质：首先他不会随便选择放弃，源于他强大的自信，其次他有乐观的思想，最后他还要学会保持自己旺盛的精力。

麦克阿瑟在入学考试的前一晚就非常紧张，他的母亲劝他：如果你不紧张就能考取，一定要相信自己，否则没有人会相信你。要自信、要自立。我们很多人都在期望得到别人的鼓励，得到别人的鼓舞，只知道等别人给自己加油鼓气，却不知道自我鼓励的重要。与其等别人来激励自己，不如经常自我激励。实际上很简单，那就是要有乐观的心态，要自信、要自立。

著名的教育学教授克莱里·萨弗让指出：如果你能改变你的思想，从悲观走向乐观，你便可以使你的一生发生改变。乐观的人总是能从好的一方面考虑问题，从而让自己变得轻松、充满信心，能够积极地处理问题。而悲观的人总是把所有问题归结于自己，总是责怪自己，从而陷入深深的自责自卑中。这样的情绪阻碍了自我能力的发挥，会令事情变得越来越糟。

要实现自我激励，首先要自信，克服自己心中的畏怯心理。

有个叫琼斯的新闻记者，极为羞涩怕生。有一天，上司让他独自去采访大法官布兰代斯，琼斯大吃一惊说："我怎能只身一人去采访他？他又不认识我，他怎肯接见我？"他身旁的另一位记者迅速拿起电话，打到布兰代斯的办公室，和他的秘书说："我是明星报的记者。我奉命访问法官，不知道他今天能否接见我几分钟？"他听对方答话后说："谢谢您，13点15分，我会按时到。"他把电话放下告诉琼斯说："你的约会安排好了。"琼斯受到很大的触动，以后提起自己做事经验时说："从那时起，我学会了单刀直入的方法，做来不易但都很有用，它使我克服了畏惧的心理。"

很多人的成功人生，自我激励发挥了重要的作用。自我激励能够激发我们的潜能，能够让我们勇往直前。很多时候，来自自我的肯定能够比别人的鼓励更加起作用，只有自己相信自己，才能使自己发挥得更加完美。

那么，如何才能掌握自我激励这项技能呢？

首先要学会调整目标，确立一个既宏伟又具体的远大目标。有些时候，很多事情是我们可以做到的，之所以没有去做是因为我们没有给自己提出这样的要求，由于胆怯，我们对自己的要求过低，这样的话，我们自身的很多潜能就被限制了，所以适当地调整自己的目标，有利于我们潜能的最大发挥。

其次要不断寻求新的挑战。每一个人都需要新的环境、新的事物，我们要积极地去尝试、去接触，只有这样，我们才能更好地激发我们的潜能、激发我们前进的动力。我们需要学习很多东西,然后征服很多东西,所以适当的时候,不妨离开你的既定轨道去寻找新的挑战、新的刺激。

此外还要慎重择友,你所交往的人会改变你的生活。结交那些希望你快乐和成功的人,你在人生的路上将获得更多益处。很多时候,我们周围的人决定了我们的生活层次,如果你的周围总是那些畏畏缩缩、胆小怕事的人,那么你很难成功,因为他们会出来阻碍你,但是如果你的周围都是一群充满活力的人,那么,你就能做出更多的事情。

正视你的缺陷,并且积极努力地寻求其他方式来弥补你的缺陷。很多人往往因为自己的缺陷而放弃了自己,一叶障目不见泰山是很不明智的做法。

有一名活泼的女士,她非常幽默,热力贯穿会场,脱口而出的笑话让每个人都感染了她的快乐,谁都想不到她有过坎坷的成长经验。

这名叫凯西的女子从小因为智能不足,在智障学校待到5岁,才被发现原来不是智障,而是失去听力,于是转往特殊学校,直到十几岁时才借着助听器过较为正常的生活。就在她的人生刚有起色时,一次意外车祸使她在医院躺了两年。

当时她自问:为什么我的人生有着许多的不如意?

但她随即深信:任何事情的发生必有其目的,并且有助于我,因此咬紧牙根渡过难关。

之后,她试交了男友,人生再度有起色,又因乳癌先后割掉两个乳房。然而,纵有千般不如意,她还是相信:凡事发生必有其目的,并且有助于我。

当她母亲歉然地对她说:"凯西,真的很对不起,把你生成这样。"她回答:"妈妈,你把我生得太好了,因为这样,我今天才有这份热忱把自己的体验和经历与他人分享,化恐惧为压力,化压力为助力,为自己在每一个困难中找出值得收藏的礼物。"

　　每个人都不可能一帆风顺，在我们的人生中，会有很多困难挫折出现，但是我们大可不必失掉信念，我们反而应该加强自我鼓励。

　　人的一生往往都在成功与失败，得意与失意，希望与绝望之间摇摆不定，想将自己塑造成一个什么样的人，完全靠的是我们自己。一个懂得自我激励的人，不会受到消极因素的过多侵害。其实想想人生在世，不过是几十个春夏秋冬的轮回，草枯萎必然会有重获生机的一天，一切都会过去，即便遭遇挫败，也要尝试坦然面对。

# 第八章

# 释放自己，影响他人
## ——社交的成功在于情绪的把握

　　良好的社交是我们成功的一个很重要的条件。在现代社会中，人脉是我们成功的最大砝码。然而良好的情绪是积攒人脉的重要条件。保持良好的情绪能帮助我们交更多的朋友，能让我们在与朋友的交往中更加游刃有余。释放自己，让自己轻松愉快；影响他人，让别人被自己的快乐情绪感染。一个总是保持良好情绪的人能给别人带来快乐，一个总是保持良好情绪的人才能增加个人魅力。

# 学会适当地表达情绪

待人处世、人际交流，人与人的沟通时时都在发生，情绪表达的不同会以正负效应累加的方式是你成为今天的这个样子，人际交往的成功在于情绪的把握。了解自己、把握和学会适当地表达情绪，在当今社会已成为人们人际交往中的必修课。

情绪的表达是指人们通过各种方式来表达自己的情绪，情绪表达的作用是舒缓情绪，使我们的情绪特别是负面情绪得到释放，从而最大程度地减小其对我们身心的影响。然而，很多时候我们却不能随心所欲地表达我们的情绪，其原因就是我们是生活在社会中的，是一个社会人，不能以损害他人的行为来释放自己的情绪，否则就会因为释放自己的情绪而触怒他人，从而引来其他的情绪。因此，学会适当地表达情绪，是我们在社会中生存所必需的一种技能。

一般来说，表达情绪需要注意以下几个原则。

1. **学会巧妙地说"不"**。当我们要拒绝别人的时候，请记住有一个词叫"婉拒"，其意思就是不要过于直接地拒绝别人，因为很多缺乏自信的人会因为你的拒绝而感到挫败不安，有的还会因此对你产生怨恨，而委婉地拒绝则可以避免这些事情。当然在你觉得对方的要求实在无礼或者为了避免他人抱有有机可乘的想法的时候还是应该直截了当地说"不"。总的来说，懂得如何拒绝、能恰当选择拒绝方式的人一般都是在人际交往中如鱼得水的人。

2. **合理要求不道歉**。有的时候，人们会因为过于讲究修养的表现而在提出一些正当要求的时候顺便加上歉意，然而这并不是最好的方法，因为你的歉意会让对方觉得你有内疚感，从而减弱你的要求力度，失去应有的尊严。

**3. 采取积极的暗示行为。** 总的来说，拒绝是一种让人尴尬的行为，那么，如何在对方提出你想拒绝的要求之前表达你的意愿呢？有一种行为叫做"暗示"。有的时候你会碍于情面而不便于直接拒绝他人，这个时候你就可以采用暗示的做法，如果对方有足够的洞察力，那么他自然会及时心领神会而避免被拒绝的尴尬。

**4. 事先表明态度。** 如果你预料到某个聚会的场合会发生让自己感到尴尬的事情，比如，同学让你喝酒庆祝生日，而你很不愿意喝，那么不妨先发制人，事先表明态度："我很高兴参加大伙的聚会，可是我真不愿意喝酒。"这一招通常是非常灵验的。

**5. 必要时进行有力回击。** 有的时候，一些人对我们一再侵犯，这个时候我们就应当进行有力的回击，直接表达我们的愤怒，让对方明白我们坚定的立场。

**6. 了解表情规则。** 世间诸事皆有规则，情绪的表达也是如此，如果情绪表达的方式不符合规则，比如说用哭表达开心、笑表达伤心，那么不但你的情绪不会为人理解，更会被人认为是有问题的人。

**7. 身体语言的控制技巧。** 情绪的表达不仅仅局限于面部表情，手势等肢体语言也是我们向他人传达情绪的方式，有关研究表明，大部分的身体语言都在无意识地泄露人的内在情绪，所以当你不想让自己的情绪为人所知的时候，就一定要注意控制你的身体语言。

当然，有效的情绪表达，不光涉及自身，也涉及你对他人情绪的觉察以及应对。

在进行自我表达的时候，一旦受到了别人的反驳，请记住这时如果你还要坚持阐述自己的观点，只会造成适得其反的效果。面对别人的反对，你为自己辩解只能进一步地激化矛盾，产生更大的摩擦，别人的态度会变得更加强硬，对你更加反感。因为这个时候，他们会将你的坚持理解为："这是我的看法，至于你怎么想，我才不在乎呢。"

为了使别人愿意倾听你的想法和见解，你就必须注意他们的感受和反应。在乎别人的想法和感受，这才是有效的表达。对他人的关注哪怕很短暂，取得的效果却是意想不到的，因为它传出的是你对他人的关注，可以让他们了解到你并不是为了达到自己的需求而损害他们的利益。实际上，愿意倾听的态度会增加双方的相互理解、明白彼此的想法和意图，同时也为解决问题铺平了道路。

**心灵秘籍**

合理地表达情绪会让别人更了解你，同样地，别人也会对你表达他的情绪和看法，使你可以更加了解别人，从而使你们之间的关系更加牢固和稳定。

# 不要让自己的不良情绪影响他人

荀子说："人之生，不能无群。"严复也曾在其《天演论》中指出："能群者存，不群者灭；善群者存，不善群者灭。"可见，人生于世，必须学会融入到社会群体中。如此，才能学到他人的经验，得到他人的帮助，拥有快乐的生活。

人生于世，除非是个例中的个例，谁都无法做到真正与世隔绝，人们或多或少地总会和其他人有着大大小小的交集，而且确切地说，你实际上是生活在人群中的，所以，你的悲喜既影响着周围的人，也被周围的人所影响，因此，在人际交往中不要让自己的不良情绪影响他人，在沟通中要"把自己当成别人，把别人当成自己；把别人当成别人，把自己当成自己"，这样才能真正成为一个社交高手。

13世纪时，北威尔士王子列维伦有一条忠实而凶猛的狗——盖勒特。一天，王子出外打猎，狗在家中看护婴儿。王子回来后，看见血染地毯，却不见婴儿，而狗一边舔着嘴边的鲜血，一边高兴地望着他。王子大怒，抽刀刺入狗腹。狗惨叫一声，惊醒了熟睡在血迹斑斑的毯子下面的婴儿。这时，王子才发现屋角躺着一条死去的恶狼。原来盖勒特为保护小主人，咬死了恶狼。

这个故事是一个悲剧，如果王子能够冷静一点，仔细观察思考后再下结论也就不会错杀了忠诚的盖勒特。我们应该学会控制自己易怒、易暴的情绪，不被私心所困，努力以赴，并且冷静地迎接事情的来临。不论是期待中，抑或是能力所不及的事物，都应当不忙乱，不惊慌，心平气和地去面对它。只有这样，才能开创更新的前程。

在控制情绪的各种方法中，换位思考是一个经常行之有效的方法，西方有一句著名的话叫"1000个读者就有1000个哈姆雷特。"说的就是不同的人站在不同的角度看待事物就会得到不同的结论，因此，在争吵的时候，即便你觉得你是最有道理的、是多么的不容置疑，你也要设身处地地站在对方的角度进行思考，这样往往会发现对方与你争执的原因，体会到对方的苦衷，从而避免很多麻烦。

哈佛大学最杰出的心理学教授威廉·詹姆斯曾经写下6句话："倘若你对某项事物足够关心，你自然一定会完成；如果你希望做好，你就会做好；若你期望致富，你便会致富；若你想学，你就会博学，只有那样，你才会真正地期盼这些事情，并一心一意地去做，而不会费许多心神再去胡思乱想其他不相干的杂事。"这就是建立良好心态的力量，若你能做到如此，何愁生活还会不尽如人意？

成功学大师卡耐基有言："一个人的成功，85%来源于他的人际关系。"而人际关系中，情绪的管理和控制无疑占了相当大的比例，所以你要学会控制自己的情绪，保持心态的平和。具有高情商才是美好生活的催化剂。如此，你才能把握生活、享受生活。

在法庭上，律师拿出一封信问洛克菲勒："先生，你收到我寄给你的信了吗？你回信了吗？""收到了！"洛克菲勒回答他，"没有回信！"律师又拿出二十几封信，一一地询问洛克菲勒，而洛克菲勒都以相同的表情，一一给予相同的回答。律师控制不住自己的情绪，暴跳如雷，不断咒骂。最后，法庭宣布洛克菲勒胜诉，因为律师因情绪的失控让自己乱了章法。

你也许会说："大名鼎鼎的洛克菲勒为什么用如此的手段取胜？"暂且不论这些，也不管洛克菲勒的方法是否正确，但最终的结果是，那个律师因为情绪失控而败下阵来。

生活中，面对不同的环境、不同的对手，有时候采用何种手段已不太关键，而保持好自己的情绪才是至关重要的。每个人都有自己的情绪，而情绪是一种很微妙的东西，有时微妙得让人捉摸不到，但是，不管怎么微妙，你都要想办法将它捏得紧紧的，因为这关系到你能否在社会上游刃有余地生存。

慢慢地掌握控制情绪的手段，当你可以把情绪收放自如的时候，情绪就不仅仅是你感情的外在表达，更是你在交际中的强大武器。记住，每个人都会有情绪失控的时候，但是，聪明人的聪明之处就在于他们可以马上将情绪收回来。

自古以来，观人的一个标准就是他的情绪控制的能力，具体地说就是人们平时所说的涵养，因此，要成为一个强者，你不仅仅需要有高于众人的各种能力，还必须拥有完美控制情绪的能力。

情绪的处理好比一把双刃剑，处理好了，可以帮助你一路无阻地顺利走到最后；处理不好，最先受伤、受伤最重的是你自己。

# 学会体谅他人

体谅是一种美德，体谅是建立在内心理解的基础上，其实也是一种认同。有了这种理解，世界上很多不如意的事情在附加上了小小的认同之后，就不再那么烦心，烦恼也随之远去，幸福也就走到近前了。

在日常生活中，我们经常会看到有的人会莫名其妙地发脾气，有的时候没有任何的预兆就会对周围的人大发雷霆，他们的解释是自己心情不好。但是试问，又有谁有这种权利来用别人的痛苦来舒缓自己的不快？当你发脾气的时候你有没有想过你对别人造成了什么伤害？

你是否想过，有些事情别人能做得好，为什么你就不行？虽然发脾气是你的一时之气，是你的意气用事，在这个基础上，你有想过事情的原委及错误究竟在哪里？你这样盲目地指责他人，对你有所了解的人能容忍你的所作所为，可不了解的你，别人心里会怎么想？他人虽然嘴上不说、不会去计较，但心里还是有点不好受。

人的一生中，有许多无可奈何、身不由己的事情，就好比一碗满满的水一样，稍不留神就会溢出来，所以，有些事情难免会影响自己的情绪。当然，人的忍耐力是有一定限度的，在自己一时的气愤之下很难控制自己的情绪，在情绪失落的时候，你应该事先在自己的头脑里思考一下。有一位哲学家曾说过这样一句话："体谅好比是一种心理解脱，体谅别人的同时，也使自己得到解脱。"的确，给人快乐的同时你自己得到的也是快乐。要有一个宽广的胸怀，要学会控制自己的情绪与怒火，这样你会发现快乐其实就是那么简单。

从心理上讲，幸福和快乐关键在于自己，其实幸福与快乐就在自己的心中，在于自己对人对事的态度。体谅作为一种内心的愉悦体验，是获得幸福快乐的最低成本途径，你又何乐而不为呢？

有一个人说他很孤独，因为他没有朋友，甚至一个也没有，人们难免惊讶他会这么说，因为他这样说其实就是表明他已经将自己生命中朋友的定义给否定了。他说他每次看到别人结伴郊游的时候，心中便会产生一种莫名其妙的痛。但是他又有什么资格有这种感受呢？是他将自己的友谊给抛弃了，当他抱有这种想法的时候，即便有别人想接近他、想成为他的朋友，他也不会接纳对方。他是如此的自私，不肯体谅别人，总是想让朋友为他付出，却没有想到自己要得到朋友应当首先为朋友做点儿什么，于是，他就真的没有朋友。

下面这一幕想必在各个时间、各个地点都曾发生：老师在讲台上辛辛苦苦地讲课，坐在下面的同学们却没有认真地听课，不是悄悄地和他人聊天就是趴在桌子上睡觉，更有甚者还会离开座位打打闹闹乃至中途离开。老师对于这类行为只能无奈地摇头作罢，继续讲课。这就是学生不懂得体谅老师，如果他们体谅到老师的辛勤，认真地去听课的话，那将是一堂生动有趣的课。

笔者曾经看过这么一段文字，感觉很好，作为文章的结尾，与大家共享。

其实，学会体谅，需要的仅是一点点的理解。

我曾在校园里，看到一位校工在给操场打扫卫生。可是他扫了一遍又一遍，地上仍旧有许多垃圾。原来，在校工努力打扫的时候，又有同学把碎纸屑随手扔到地上。校工看着那些"扫之不尽、扔之不竭"的垃圾，轻轻地叹了一口气。其实，如果我们学会了体谅，这样的事情就不会发生。这本应是一个干净、整洁的操场。如果我们体谅了校工的辛苦，知道他们每天起早贪黑，为的就是能让我们能够有一个良好的学习环境，所以他们这样默默无闻地去工作，我们没有理由去破坏他们的劳动成果。

其实，学会体谅，需要的仅是一点点的尊重。

我也曾在马路上看到行人与司机互不相让；我听到有的人开车时说行人看到车时应当避让，不应占汽车的道；我也听到有的行人说汽车见到行人时应该减速慢行，让行人先通过。其实，如果我们学会了体谅，这样的事就不会发生。这本应是一份宁静、和谐的早晨。如果开车的司机体谅了行人，行人体谅了开车的司机，那么我们的早晨会少几分嘈杂。因为，大家都不容易。

### 心灵秘籍

其实，体谅并不是多么难的事，有的时候只是一点点地宽容或者谦让。体谅别人，不要总是一味地以自我为中心，设身处地地为别人想一想，就会慢慢告别自私。有了体谅，我们就会得到更多的朋友；有了体谅，我们就有了更多的快乐。

# 学会自我安慰

　　人是可以被打倒的，但任何人也阻止不了被打倒者从地上爬起来。学会自我安慰，调整心态积极面对内心与外界，能帮助你走出困境，重获新生。

　　人的一生，总会遇到或多或少的一些不愉快的事情，比如考试成绩不好、喜欢的东西找不到了、漂亮的衣服被刮破、恋人移情别恋、朋友背叛等，这都会使你的情绪走向消极的一面。低落的情绪是我们的敌人，它不但会影响我们正常的工作学习，也会损害我们的身体。

　　其实我们都知道，没有一帆风顺的人生。人的一生，任你有多大的背景，任你的能力有多么强，你也会或多或少地遭受一些挫折；任你是多么的幸运，即便在他人眼中幸运一直伴随着你，你也会遭遇一些不顺的事情。就拿生老病死这个最简单、最不可避免的事情来说，无论你身体有多健壮，你也不能永远不生病，小到一个感冒，都会让你尝到病痛的折磨；再就是生离死别，这是谁也无法避免的，可以说，你至多可以幸运到没有"白发人送黑发人"，但是绝对会遇到和亲人永隔的时候……因此，人的一生是不可能始终如意的，不良情绪的产生也是不可避免的，但是如何面对这些不良的情绪就是我们所要关注的。有一个方法叫做"自我安慰"，就像那句俗语说的一样，靠谁也不如靠自己，只有学会了自我安慰，我们才可能尽快地跳出自己负面情绪的影响，身体才会健康，学业才会进步，工作才会顺利。

　　那么，"自我安慰"到底是什么呢？自我安慰其实就是自己调整自己的心态，使自己尽快离开那些诸如后悔、感伤等负面情绪，重新积极地面对现实，就跟我们安慰别人一样，所以叫做自我安慰。

从前有位老人，他生于 1914 年。他饱经岁月的沧桑，如今已 98 岁高龄的他仍然精神矍铄、谈吐清楚。虽然腰背见弯，但走路平稳。虽然耳已半聋，但老眼未花，还能穿针引线，为自己钉钉扣子、补补袜子。他爱劳动，是个闲不住的人，他现在还能在楼前栽花种草、浇水施肥。家里的桌椅坏了还都能自己拉锯、敲钉、打铆精细修理……

老人一生坎坷，家庭多灾多难。38 岁时，他的大女儿英年早逝。44 岁时，他的妻子又病逝，真是早年丧女，中年丧妻啊！亲人的相继离去使他悲痛欲绝，但他没有沉浸在悲伤和痛苦之中，他自我调节、自我安慰，克制了居丧的痛苦，战胜了心里悲痛，走出了困境。他自慰地说："我不能去顾死的，我还要顾活的呀！"自 1957 年妻子病逝后，他就带着二女儿和小儿子艰难地生活。白天下地干活儿，收工后再给孩子做晚饭、洗洗涮涮，既当爹又当妈，晚上还去生产队喂牲口。他说："事儿摊上了自己要多劝一劝自己，别老想不开，别老唉声叹气，多干点活儿，干活儿累了，你就能睡个好觉，你就能忘掉一切伤心的事儿。"不幸的是在他 76 岁时，二女儿又病逝了。他老泪纵横地说："人有旦夕祸福，天有不测风云啊……"老人仍然自己安慰自己。他的一生就是用自慰来化解自己心中的痛苦，他之所以能益寿延年，成为辽宁的一位老寿星，缘由他有一个良好的心态。

人的一生，不论遇到多么不愉快的事，都要采取积极乐观的姿态，进行自我安慰。鲁迅先生的《阿Q正传》中提到的"自我安慰"，应该是一种"精神胜利法"。我们一生要常怀幸运、常哄乐自己、常安慰自己，脑内就会分泌出对身体有益的激素，有利于增加体内的抵抗力，从而就会拥有健康的身体和良好的精神状态。

因此，你要学会自我安慰，让自己远离烦恼忧愁，保持一个良好的心态，只有这样，你才能轻松自如地面对任何变故，才能积极面对所有挑战，才能感觉到世界的美丽、人生的美好、生命的可贵。

或许你会说，你有很多的朋友，他们都会在你需要的时候及时出现在你的面前，来安慰你、开解你，让你的生活始终远离阴霾。但是实际上，"自我安慰"更为重要，要知道人生并非坦途，没有任何一个人可以陪你一直走到最后，即便现在你有很多人可以依靠，但是谁能保证多久之后你是否一定不会是孤身一人？唯有自我安慰才可以陪伴你一生。

自我安慰，并不是一味地对自己说"没事儿，没事儿。"而是要有积极的自我评价，通过对自己失败的原因进行正确合理的分析判断，从而对自己的未来进行一个合理的预期，既是对此次行为的定论，也是一种新的目标的诞生。当你面对困境的时候，要告诫自己这是多么的正常，是人人都会遇到的。在困难面前腰板一定要挺直，步伐一定要坚定，目光一定要笔直，相信自己会成功，这是跨出困境的第一步。

心灵秘籍

人生不是苦难的旅途，别把境况看得那么坏。习惯于自我惩罚、自我折磨的人，他们的一般视野比较狭窄、思维比较封闭。他们的眼睛只是死死盯在自己遇到的困难、挫折和失败上，结果把困境看得越来越死，以致被困境压得抬不起头来。遇到挫折与困境如果与那些比自己的困境更严重的人比较，你会不会一声长叹："何独我哉？"然后再背上一遍孟子的"天将降大任于斯人也"，便会有"冬天逝，春天到"的感觉，就会抹去许多对人世的不平、对人生的哀怨。

# 学会倾听

倾听有点微妙。倾听是一种享受,可以使你去浮躁、得宁静;倾听是一种智慧,可以使你明得失、知兴衰;倾听是一种思考,可以使你悟人生、开心境。

现今社会,人人都希望被理解,都急于表达自己的想法和感受,却往往忽略了倾听。一般人倾听的目的不是想了解对方,而是为了作出最适当的反应。因为人们总是认为周围人都跟自己一样,以己之心即可度人之腹。

有位先生曾抱怨他的一位好友:"真搞不懂他是怎么想的,别人的话他从来听不进去。"

笔者问:"你是说,因为你试着去说服他,他并不听从你的,所以他令你费解?"

他默然,若有所悟。

笔者进一步问:"难道要了解一个人,不是你听他说,而是他听你说?"

他愣了一下,恍然大悟。

有这样一个故事,一个人在美国一家大型百货商店买了一套西服,这套西服令他很失望:刚穿了几天,就开始褪色,把他的衬衣领子都弄黑了。这个人非常生气,他将这套西服带回到商店,找到那个给他售货的店员。他很想诉说事情的经过,但被这个店员中途打断了:"我们天天都在出售同样的西服,不过你是第一个挑剔的人。"这个人开始与对方进行激烈的辩论，正在这时，另一个店员插话道："所有的黑衣服起初都要褪一点儿颜色，这不是我们的问题，这种价格的衣服就是如此，那是染料的问题。"这个人再也控制不住自己，他正要破口大骂，突然间经理走了过来，他不仅平息了这个人的恼怒，还把他变成了一位满意的顾客。经理是这样做的：他首先认真地倾听了这个人从头到尾的经历。当这个人说完时，两个店员又打算插话发表他们的意见，经理制止了他们，并且率直地对这个人说："你有什么样的要求，尽管提出来，我会尽全力满足的。"

这个人被经理的友好态度感化了，他回答说："我只要你的建议，我想知道这种情况是否是暂时的？""我建议你再穿一个星期，如果还是如此，你可以换一套满意的。"这个人听从了经理的建议，他满意地走出这家店。一个星期过后，衣服没有再出现褪色的情况，他对商店的信任完全恢复了。

倾听，是对他人的一种恭敬、一种尊重、一份理解。如果你学会了认真倾听，你就会赢得友谊、赢得尊重。做一个忍耐的聆听者，是谈话艺术当中一项重要的条件。因为能静下心来聆听别人意见的人，必定是一个富于思想和具有谦虚及柔和性格的人，这种人在人群之中，最先也许不大受人注意，但事后则是最受人尊敬的人，同时也是最成功的人。

### 心灵秘籍

学会倾听就是对别人极大的尊重，也是真心实意关心别人的表现。而真正充满智慧的人正是那些懂得倾听的人。尽力用心去倾听，就会得到对方的信任、支持和力量。

# 避开他人的不良情绪,保持快乐的心境

情绪具有极强的传染性,很多时候,一个快乐的笑容能融解冰川,一个难看的脸色也照样可以冰冻快乐。在生活中,我们都无可避免地要受到他人情绪的影响,这个时候,我们要学会聪明地对待,离不开心的人远一些,那么你的不开心就会少一些。

在此世间,人人都渴望得到快乐。可是,很少有人知道得到快乐的方法。其实,从根本上来说,得到快乐的方法有,且仅有一个,那就是控制和训练自己,使自己始终保持在快乐的状态中,并使快乐成为自己的习惯和性格。你要始终努力让自己的心保持一个相对稳定的状态,保持自己内心的宁静和平衡,学会不为外物所动,不戚戚于名利、不戚戚于富贵,始终让自己保持比较愉快的心情。很多时候,情绪决定一切,好的机会也青睐那些笑脸相迎的人。

有的人住在豪华的房子里,但是却总是因为房子装修的问题而大伤脑筋,有时候为了一个家具也耿耿于怀,总是觉得房子还不够舒适,每天抱怨不停。可是有的人住在破房子里照样能够开开心心,因为没有大的房子却可以有家人的温暖,每天一家人聚在小的房子里相亲相爱不也是一种人间的大幸福吗?

有人遇到一点儿小事,就大呼小叫:"太糟了!我怎么这么倒霉,碰上这件事!真气人!"于是一整天都闷闷不乐。有人遇到同样的事情,却说:"太好了!真难得!遇到这样的事情,真有趣!"于是兴致勃勃地处理这件事,并享受安乐。

有人遇到逆境和挫折，就心惊胆战、长夜难眠，甚至一蹶不振。有人却能坦然面对，将逆境当成磨炼自己的良好时机，他们通过逆境不仅培养了内心坚韧不拔的禀性，发展了自己内在的能力，而且还培养了对众生的善心。

所以，一个人一生的快乐不是命里注定的，也不是爹娘给的，更不是什么外在的神秘力量所操纵的，而是完全由他自己内心对待事物的态度所决定的。世间从来就没有什么"神奇的力量"能够超越你的心给你带来幸福安乐，也不存在什么"救世主"能够用一种"神秘的方式"直接给你带来永恒的安乐。

很多时候快乐来源于内心，来自于自己的内心对世界的认知和调节。大多时候，快乐真的可以和物质无关。无论你贫穷还是富有，上帝给予你幸福的权利都是相等的。人生苦短，快乐是一辈子，不快乐也是一辈子，很多时候你无法成为富豪，但是这绝对不妨碍你成为最快乐的人。

如果你在任何时候要想获得幸福和安乐，那么遇到任何事情，你都要微笑着面对，看到好的一面，并积极将事情向美好的一面牵引。你要经常开心地对自己说："太好了！我可以将这件事情处理好，并带给自己和他人以幸福和安乐！"然后就积极地付诸行动。具有这种乐观心态的人有一种神奇力量，能扭亏为盈，化腐朽为神奇，将坏事变成好事，把不利变为有利。凭借这种乐观的力量，你就能从快乐走向快乐，从光明走向光明。

相反，如果一个人总是用悲观的眼光看待世界，内心将阴云密布、一片阴沉。悲观的眼光将在一个人的内心不断累积痛苦，这种心态不仅会使他痛苦不堪，还将带给周围的家人和朋友诸多不幸，摧毁他们的安乐。这些人遇到任何事情，首先想到的就是"潜在的"危险、灾难和不幸，所以行动上畏缩不前，很难取得成绩和进展。这样的人经常怨天尤人、紧皱着眉头说："太糟了！真倒霉！烦死了！"

那些悲观的人、那些喜欢抱怨的人总是会被烦恼缠绕，这样的人，我们必须远离他，因为他不够热爱生活、不够热爱自己。

所以，要想获得快乐，必须学会用乐观的良性眼光看待一切，将悲观的负面心态彻底从内心剔除。每天早上起来，你要不断认真地对自己说："今天，我一定要在快乐中度过。用微笑和安详面对今天的一切，珍惜生命中的每一缕阳光，看到事情好的一面，并积极向好的一面努力，创造自己的幸福和安乐。"苦乐无关外境，仰赖你看待世界的眼光。当你改变了自己看待世界的眼光，就改变了世界，也同时改变了你的痛苦的心境，改变了你的命运。

很多时候，我们的情绪会大大地影响别人，别人的情绪也会潜移默化地影响自己，在工作中，我们会发现，如果一个办公室有一个开心果，那么整个办公室的人都会很快乐；如果有一个每天垮着一张脸的人，那么整个办公室的气氛都会很压抑。当别人不开心的时候，你可以劝解，但是当无法劝解的时候，你不妨躲避这种不良情绪，无论别人怎么不开心，你都要保持开心。此外，在工作中，没有人喜欢整天郁郁寡欢的人，要想让别人喜欢自己，就要每天保持笑容。

幸福与不幸福的差别在于你处世的心态。明智的人即是面对大风大浪也会乐观面对，因为生活已经很艰难了，又何必自己难为自己呢？

# 良好的情绪能活跃人际关系

　　人和人打交道时拥有好情绪非常重要，很多时候，一个人的情绪决定了事情的成败，决定了与他人下一步的交往是否和谐，所以，我们应该重视与人交往时所表露出来的情绪，尽量将自己乐观、开心的情绪传达给别人。

　　美国洛杉矶大学医学院的心理学家加利·斯梅尔曾经做过这样一个实验，将一个乐观开朗的人和一个整天愁眉苦脸、抑郁寡欢的人放在一起，不到半个小时，那个乐观的人也变得抑郁起来。加利·斯梅尔随后又做了一系列实验证明：一个人受到他人低落情绪的传染只需要 20 分钟。一个人的敏感性和同情心越强，相对地就越容易感染上坏情绪，而且这种传染过程是在不知不觉中完成的。

　　有这样一个求助信息：有件事让我觉得非常困扰，在和陌生人打交道时，我总是不能快速地融入，我没有办法让自己快乐起来，我总是很压抑和难受，对方也表现得很漠然，对我的话题和我这个人提不起兴趣，还有一次我竟然莫名其妙地激怒了一位女士。请告诉我这到底是怎么回事？

　　面对这个人的求助，心理医生给他开了个药方：请每天对着镜子练习微笑。并每天暗示自己：我真的很开心。

　　看完这个求助者的求助，我们似曾感到有过同样的经历：在与陌生人交往中，我们常常也将一些不良情绪带给对方，使对方时不时地抱怨或者坐立不安。这时候我们与陌生人的交往就会变得困难起来。

当然，事物是有两面性的，糟糕的情绪表现会破坏你和陌生人的交往，乐观积极的情绪也会感染对方。正确利用情绪效应，让它为你所用，就能帮你给别人留下很好的印象。

有一天，佛陀行经一个村庄，一些前去找他的人对他说话很不客气，甚至口出秽言。佛陀站在那里仔细地、静静地听着，然后说："谢谢你们来找我，不过我正赶路，下一村的人还在等我，我必须赶过去。不过等明天回来之后我会有较充裕的时间，到时候如果你们还有什么话想告诉我，再一起过来好吗？"

那些人简直不敢相信他们耳朵所听到的话和眼前所看到的情景：这个人是怎么回事？其中一个人问佛陀："难道你没有听见我们说的话吗？我们把你说得一无是处，你却没有任何反应。"

佛陀说："假使你要的是我的反应的话，那你来得太晚了，你应该10年前就来，那时的我就会有所反应。然而，这10年以来我已经不再被别人所控制，我是自己的主人。我是根据自己的想法在做事，而不是跟随别人在反应。"

有个人每天都在固定的地方向某报摊买一份报纸，尽管这个摊贩一向都很冷淡，但他还是每次都对小贩客气地说声谢谢。有一次，和他同行的朋友看到这个情形，便问他："他每天卖东西都是这种态度吗？""是的。""那你为什么还对他如此客气？"那人回答："我为什么要让他决定我的行为呢？"

因为这个摊主的良好情绪，越来越多的人愿意来光顾他。

从以上两则小故事我们可以看出，很多时候，我们保持良好的情绪，就能交到更多的朋友，能够得到更多人的理解。当别人对我们不友好的时候我们也能始终保持微笑，早晚有一天，会有更多的人喜欢上我们，我们的人际关系会因为我们良好的情绪而更加和谐。

为什么具有良好的情绪能交到更多的朋友呢？

**首先，良好的情绪能够增加亲和力。**

具有良好情绪的人能够始终保持微笑、始终保持对他人的友好态度，一个用微笑来面对别人的人总是能够让对方减少陌生感，能够放松心情，也以微笑报以友好的回应。人际关系的好坏很多时候就是取决于你的情绪，具备良好的情绪能够以更加亲和的态度去面对陌生人，这样一来，另一方也会慢慢地放松情绪，以更加真诚的态度来和你交往，而且第一印象往往尤其重要，具备良好的情绪能够把你亲和的一面展现给对方，这样有利于你交到更多的朋友。

**其次，良好的情绪能够增加个人魅力。**

每个人交朋友都是有选择的，那么，一个具有良好情绪的人能够更快地吸引对方，因为笑容总是比冷漠的脸更有吸引力。笑容能够让一个女人变得无比美丽，能够让一个男人变得非常帅气。

良好的情绪就像是上帝给予我们最好的装饰，微笑的人就像是天使一样能够让别人自觉地靠近他。

**最后，良好的情绪能够给对方信心和鼓励。**

假若我们对一个人笑，假若我们对一个人示好，这个人的心情也会变得好起来，而且，这种示好会被当做一种欣赏或者赞许，对方不自觉地会觉得你喜欢他，会觉得你很看好他，这样就可以很好地鼓励一个人，很多时候这种鼓励就是一种获得对方好感的最佳方式，我们总是喜欢那些能够给我们信心的人，而良好的情绪就会起到这样的作用。

良好的情绪能够和谐我们的人际关系，能够让我们在交往中充满自信和亲和力，而良好的人际关系是我们生活幸福的重要砝码，也是我们事业成功的重要后盾。

要想提升人际关系就必须先管理好自我的情绪,一个具有良好情绪的人能够更加吸引别人成为自己的朋友,谁也不愿意和一个整天愁眉苦脸的人交朋友。

# 良好的情绪为你带来更多朋友

朋友是我们人生中很重要的一部分,可以说朋友是我们是否幸福的重要砝码,因为朋友会和你共同分享人生的喜怒哀乐;可以说朋友是我们事业上最好的伙伴,只有朋友能够真正地帮你,能够了解你的目标。无论是生活上还是事业上,我们都无法离开朋友的帮助。良好的情绪能让我们交到更多的朋友。

一个总是有良好情绪的人能够更好地和周围的人交往,能够交到更多的朋友,能够更容易和朋友相处。

在我们身边,由于每个人的性格、秉赋、生活背景及目的等不同而产生的思想上的些许隔阂是正常的,也是可以理解与接受的。但倘若你在工作或生活中和所有的人都合不来,那就不正常了,需要作自我调整并加以改变。

我们都知道,人在社会中是依据其年龄、性别、职业、职位、所处环境等情况而扮演着不同的社会角色。在与人接触时,不同的角色有着明显的不同的行为规范,所以和不同的人相处的时候,就有不同的要求和技巧。

### 1. 保持微笑，主动打招呼

与陌生人主动交流其实并不需要担心什么，你可以试着去想如果有人主动与你打招呼时你的心情，如此就可以鼓起勇气，尝试与人主动打招呼，你就会发现此后的交流变得很容易了。主动打招呼代表着善意的情绪交流，你和朋友的第一次接触也许就应当从你主动打招呼开始。

### 2. 真心去赞美

每个人都希望得到别人的赞美，对很多人来说，他会很感激赞美他的人，产生好感的程度也会增加，他会不自觉地把你当做自己人，那么你们之间的友谊也会更近一层。

此外要记住，背后的赞美也是不可忽视的，背后的赞美往往能显示一个人的真心，也许对方很久之后才会明了你的赞美，但是这种赞美绝对能让他对你的感觉大大改观。

在生活中，你应该不吝啬于对你的朋友使用美好的语言，应该尽一切可能去发现朋友的优点，并且试图让他们知道你对他们的看法。

### 3. 记住对方的姓名

与陌生人交往时要努力记住他人的名字，这将对以后的交往有很重要的作用，因为说出对方的姓名对对方来说是最美丽、最动听的语言，会大大缓和你们初次交谈的尴尬情绪，从而顺利地进行到交友的下一步。

### 4. 适时送出小礼物

送礼表达的也是一种礼貌，是友谊的一种表达方式，也是促进人际关系的一种手段。当然，送礼物不是为了要讨好别人，而应该是一种内心情义的表达方式。送礼的人应当费点心思，了解对方的身份、爱好、习惯甚至宗教信仰，免得因为所送礼物的不恰当而破坏和影响了人与人之间的关系，引起不必要的麻烦。如果能顺利做到这点，那么你和朋友之间就会洋溢着赠与与获得的美好情绪，一切交往都会变得简单起来。

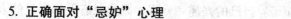

### 5. 正确面对"忌妒"心理

面对比自己占有优越地位、取得比自己更好的成绩或者当自己看重的东西被别人夺取的情况时，有的人往往会产生一种情绪，这就是忌妒。这种情绪对你交友的负面影响是很大的，你会因此而说出不合本心的话，或者作出一些出格的举动，从而引起不必要的纠纷或误解，使你的交友之路走向停滞。

忌妒往往会大大破坏朋友之间的感情，而且会让两个人变得非常陌生，甚至会产生强烈的敌对情绪。而且忌妒不仅会给对方带来不好的情绪，忌妒心强的人首先伤害的是他自己，忌妒往往会令你心情烦躁，甚至产生非常不好的后果。

### 6. 用理智制止冲突

即使是最好的朋友，也难免因为性格上的不同、生活习惯的不同而出现一些摩擦，使你们之间的气氛瞬间变得紧张，或者情绪变得低落。理智就像汽车上的刹车装置，失去理智就好比失去刹车装置的汽车，充溢着危险。理智的人可以控制情绪、约束言行。一个意志坚强的人，是能够自觉控制和自我调节的。

人最大的敌人和对手不是别人，而恰恰是自己。失去理智有时是瞬间的事情，很多时候就是因为一个小小的冲动就酿成了大错，所以你在日常生活中就要做一些事来锻炼自己，要学会控制自己的情绪，然后冷静地去处理你和朋友之间的关系，碰到问题的时候多去想想自己哪里做得不好，而不是去责难别人。

### 7. 要会巧妙地拒绝

乐于助人是一种良好的品质，我们应该热心地帮助我们的朋友，但是很多时候我们也会力不从心，也会有做不到的事情，如果直截了当地说"不"，会使寻求帮助的人感到失望和尴尬，寻找一个合乎对方期望的回答，这样能够保住你们的关系。

另外，要多方面培养自己的兴趣和爱好，因为只有爱好广泛的人才能够结交更多的朋友。例如游泳、跳舞、骑自行车、上网、打扑克等，不必样样高雅，但求有志同道合之士。这些爱好能使你和许多朋友相识相知，和别人互相交流信息、切磋自己的体会，从而融洽人际关系，进而结识更多的朋友。

心灵秘籍

　　交友也是一门艺术，需要不断地学习和实践才能臻于娴熟。掌握好这门艺术，你的生活中会有更多的朋友与你相伴。

# 第九章

## 美好人生，快乐至上
### ——把快乐当影子，你才能与它如影随形

　　人生或许有不如意，然而并不妨碍你拥有快乐。如果你能够调动自己积极的情绪，那么，即使面对风雨，你也会感到一种狂暴之美；即使身陷困境，你也会一如既往地乐观。快乐并不是别人给予的，而是你自己的感觉。每个人都应该自觉地给自己一种良好的情绪，抵制不良情绪的影响，使自己每天都能够过得快乐幸福。

# 自嘲也是一种豁达

生活中难免遇到被有意无意冒犯的尴尬局面发生。当你被别人冒犯时，你可能会觉得丢面子，情绪变得很低落。但是，有一种方法可以使你从低落的情绪中走出来，并使你摆脱尴尬的境地，那就是自嘲。

自嘲不是一种自我贬低，反而是一种自我褒奖。它表示你拥有足够的自信和勇气，能够正视自己的缺点和不足，并能够以一种调侃的心情来对待它。当你能够嘲笑自己的时候，说明你真正认识了自己、了解到自己的缺点。这个时候，你的情绪就不会因为看到自己的缺点而低落，反而会觉得很有趣，心情也会变得开朗。

自嘲同时也是幽默的表现。一个能够自己嘲笑自己的人，一定是个富于幽默感的人。他并不把自己看得很高，而是时不时地调侃一下自己，这比调侃别人更需要一种幽默的精神。许多人都是运用他们的自我调侃艺术轻而易举地化解了尴尬局面，同时也使双方的情绪变得好了起来。

传说古代有个姓石的学士，一次骑驴不慎摔在地上，一般人一定会不知所措，可这位石学士不慌不忙地站起来说："亏我是石学士，要是瓦的，还不摔成碎片？"一句妙语，说得在场的人哈哈大笑，自然这个石学士也在笑声中免去了难堪。

一位教师虽只有40多岁，但头发大多秃光了，露出一片"不毛之地"。以前常有学生在背后叫他秃顶老师，后来他干脆在课堂上向同学们讲明了因病而秃发的原因，最后，他还加上了这样一句自嘲："头发掉光了也有好处，至少以后我上课时教室里的光线可以明亮多了。"

苏格拉底的妻子非常凶悍。有一次跟苏格拉底吵完之后，当众把一盆冷水浇到他的头上。苏格拉底平静地说："雷声过后，必有大雨。"对于娶妻，苏格拉底曾经说："一个男人如果娶了个又丑又恶的妻子，就会成为一个哲学家。"

上面的几则小故事都是自嘲的事例。虽然他们的身份不同，有的是平凡的学子、教师，有的是著名的元帅、哲学家，但是他们都有一个共同的特点就是善于自嘲。石学士众目睽睽之下坠下驴来，一定感到非常尴尬，可是他拿自己的姓氏开玩笑，一句话就把尴尬的局面化解开来；苏格拉底被妻子当众泼冷水，按照一般人的做法，一定会跟妻子大吵一架，弄得两人都郁郁寡欢，可是他却选择了另一种做法，就是运用幽默的手段化解矛盾，这样夫妻之间的关就不会因为一点点小事而反目，两个人的情绪都得到了缓解。

在工作中，自嘲更是一个必不可少的工具。工作中，你难免会遇到许多自己意想不到的尴尬事，同事之间或许也会互相猜忌，这时候如果你不能及时排解自己的情绪，而是一味地生闷气，那么你的工作质量必然会下降，你的日常生活也会受到影响，一件小事就会使你寝食难安、郁郁寡欢。然而，如果你懂得自嘲的艺术，那么你就会放下心里的包袱，轻松面对工作中种种未知的状况，即使遇到尴尬的事情，也不会影响到自己的情绪。

某女作家写作太累，在开会时睡着了，没想到，她鼾声大起，逗得与会者哈哈大笑，她醒来后发觉大家在笑自己。一位同仁说："身为一个女人，你居然能打出这么有水平的'呼噜'！"她立即接茬说："这可是我的祖传秘方，高水平的还没有发挥。"

这个女作家可谓是自嘲高手，本来在开会的时候打呼噜就是一件颇为尴尬的事情，可是她能够及时调动幽默情绪、化解尴尬，也使自己的情绪不受影响。

自嘲是一种豁达开朗的表现，是调节情绪的绝佳法宝。当你勇于自嘲时，说明你有一颗非常豁达的心。因为嘲笑别人是很容易做到的，可是没有几个人能够做到嘲笑自己。只有真正心胸开阔的人才会去挑自己的错误、缺点，才有这样的雅量去责备与嘲讽自己。

那么，怎么才能自如地运用自嘲来调节自己的情绪呢？首先你要对自己有一个正确的认识。你应该看到，别人的指责不一定都是冤枉你，可能你真的有这方面的欠缺，一些尴尬的局面也并不一定是凭空出现的，可能问题就出现在自己的身上，那么就需要认清自己，尤其是自己的不足；其次，还要培养自己的幽默意识。凡事往乐观的方面去想，不要一味沉浸在郁闷的情绪中，要积极调整自己，使自己能够看到悲剧事件中的喜剧成分，这样你的情绪自然就好得多；最后，还需要你有一颗乐观开朗的心，凡事不斤斤计较，而是用一种豁达的精神去化解它，这样你就不会再被消极的情绪所控制，而是慢慢地培养出一种积极乐观的情绪，使自己情绪稳定，身心得到最大的解放。

### 心灵秘籍

你还在为自己一时的错误而懊恼吗？还在为一次尴尬的局面而羞愧不已吗？还在计较别人的一个善意的嘲笑吗？如果你想要受到更多欢迎，那么就摒弃这些消极的情绪，培养一种自我嘲笑的精神吧。能够自我嘲讽的人会让大家都感到轻松，如果你能自嘲，那么你一定会得到更多的回报。成功离不开自嘲的精神。

# 幽默的人更有魅力

幽默是生活的润滑剂。生活中，没有人能够一直幸运，谁都会遇到一些麻烦困惑，这时候，幽默就是调节低落情绪的最佳法宝，戴着一副幽默的眼镜，那么摆在你面前的世界都是富有喜剧色彩的，你的情绪自然会慢慢变得好起来。

英国著名的历史小说家和诗人司各特说："幽默是多么艳丽的服饰，又是何等忠诚的卫士！它永远胜过诗人和作家的智慧；它本身就是才华，它能杜绝愚昧。"又有人说："幽默乃是尊严的肯定，又是对人类超然物外的胸襟之明证。"确实，幽默永远是一个人克敌制胜的法宝，是一个人调节情绪的武器。掌握了幽默，你就掌握了控制情绪的密码，你就会在生活中无往而不利，处处获得成功。

幽默一方面可以调节你自己的情绪，使你时刻生活在一种乐观快乐的情绪当中，另一方面可以增加别人对你的喜爱、增进别人对你的亲近度，从而使你获得人际交往上的莫大成功，而这也意味着你事业的成功。

在职场中，不妨多运用一些幽默手段。面对上司的责难，不是去硬碰硬，而是巧妙地运用一两句幽默的话语化解局面，这样既为领导挽回了面子，自己也得以保住饭碗；与同事交往时，不要过于严肃，应该适时运用一些幽默的话语来打开彼此的心扉，使同事之间的关系更为融洽，这样你在工作时也会有一个好的心情，情绪自然就会得到很好地调节。

在生活中，也需要幽默来调节情绪。生活中，你要面对你的父母、爱人和孩子。有的时候，和最亲的人反而最容易有摩擦，而亲人之间的摩擦最为影响一个人的情绪。你会因此而感到消沉，甚至影响到你工作生活的各个方面。而如果你懂得运用幽默，那么许多看似非常棘手的矛盾可能就会当场化解。风雨之后，你会更加感到亲情的可贵，你的心绪也会变得明朗。

幽默是生活波涛中的救生圈，有了这个"救生圈"，你会倍感生活的温馨和欢乐，你会在困苦之中得到一些慰藉。用幽默做外衣，你的生活会永远充满着喜剧色彩。不要让阴沉的情绪包围自己，不要向消极的心绪低头，要学会戴上幽默的眼睛观察世界、观察生活。这样的你在生活中会更受欢迎，会和别人相处得更融洽，也会让你自己有一份愉悦的心情，永远杜绝消极情绪的侵袭。幽默是一盏永远闪亮的生活之灯。

**心灵秘籍**

生活是严肃的，而幽默就是严肃生活中的一抹活泼的色彩。认真地对待生活固然很好，但是你同时会感觉很累。如果适当地运用一种调侃的方式对待生活，或许你会在生活中发现一些原本不知道的乐趣。幽默能够调节情绪，能够使你在山重水复之时依然能够遇到柳暗花明。如果你是一个严肃的人，那么就学着幽默吧，你的道路将会走得更加顺利。

# 在知识中追寻桃花源

"知识像烛光，能照亮一个人，也能照亮无数的人。"其实，知识并不仅仅使你更加博学多识，有的时候，获取更多的知识能够让你的思路变得开阔，让你从另一种全新的角度去思考问题，这样你的困难或许

就根本不成其为困难，你的情绪自然也会得到调节。

有许多时候，你的情绪不佳，或者并不是事情本身的错，而是你没有打开思路。你仍然按照惯常的方法去看待问题，那么你就只能看到一种结果，你会因为事情没有转机而感到失望和痛苦，你的情绪就会十分低落，其实，这就是你不向知识求助的缘故。

哲学家培根说过："读史使人明智，读诗使人聪慧，演算使人精密，哲理使人深刻，伦理学使人有修养，逻辑修辞使人善辩。总之，知识能塑造人的性格。"可见，不同的知识给人不同的启发与教诲。知识可以改变一个人的看法，可以塑造一个人的性格。有了知识做装备，你就会抛弃以前种种不正确的想法，使自己变得更加明智、目光更加远大。

有一段时间，在政治上受到打击的丘吉尔整日神情抑郁，全家人看在眼里，急在心里。而丘吉尔的一个邻居的妻子刚好是一个画家，家里常常堆满了各种各样的颜料、画笔、画布以及画好的作品，丘吉尔一家常常有机会欣赏那位邻居的杰作。后来在家人的劝慰下，丘吉尔开始跟他的邻居学习油画。

丘吉尔在政治舞台上是一个敢作敢为的政治家，可是对着那张干净整洁的画布，他半天都不敢下笔，生怕出一点差错。那个女画家见了，索性将所有的颜料全倒到了画布上。丘吉尔一见那画布上已经满是颜料了，于是就拿起他的画笔开始在画布上任意涂抹起来，就这样，丘吉尔画出了他的第一幅作品。虽然并不完美，但那毕竟是一个很大的突破了。

从此，丘吉尔开始放开手脚画画了。经过不断地练习，丘吉尔终于在画技上有了长足的进步。最后丘吉尔不仅给画坛留下了大量思维大胆、风格各异的油画作品，而且还恢复自信并东山再起，在英国甚至全世界的历史上创造了一番惊人的业绩。

在政治上备受打击，对于一个政治家来说是很残酷的，然而丘吉尔却能够用学画的方式来调节自己的心绪，使自己从消沉的情绪中走出来，投入下一轮的竞争中去，这就是知识赋予人的力量。不同的知识给人不同的启迪，积极去学习知识，能够转移你对当前不愉快事情的注意力，使你专注于另一件事情，这样你就会逐渐摆脱不良情绪带来的影响而转入一种积极的情绪。

当你在前途上不得志时，不妨去读一读史书。在历史上，有许多人像你一样曾备受生活的打压、备受同僚的排挤，但是他们却百折不挠，最终青史留名。司马迁因为李陵之祸而锒铛入狱，甚至被施以宫刑，成为废人。但是面对这么大的屈辱，他选择了忍耐，选择在编史料中调节自己的情绪，使自己不致轻生。而事实证明，他没有向困境低头是对的，时至今日，他的屈辱并没有许多人关心，人们只知道有一部伟大的史书在历史的长河中熠熠生辉。

当你受不了生活的种种琐碎、龌龊时，不妨去接触一下诗歌。诗的世界是人最美好的理想世界。在这个世界里，不存在尔虞我诈，不存在禁锢，每个人都是自由的，只要你的想象力没有丧失，那么你就会在这里得到共鸣。如果你对现实生活不满，那么就去读一下陶渊明的诗歌，它会把你带到一个宁静的世外桃源里去。在它的引导下，你会感觉到花的芳香，会感觉到飞鸟的自由，会感觉到白云的缭绕，你会沉浸在这种超脱尘世的潇洒里不能自拔，生活的琐碎远离你而去，你的情绪会得到最大限度的安抚，当你醒来，你或许会惊讶为什么你会为这么点小事而生气。读陶渊明的诗，你的心里会永远存留"采菊东篱下，悠然见南山"的超脱，会永远保留"云无心以出岫，鸟倦飞而知还"的自然，想到它们，你的情绪自然会得到很好地平复。

当你对生活的意义感到困惑，当你不明白生命到底是怎么一回事时，不妨去敲击一下哲学的大门。在这里，有许多哲学家在和你一样思考着生命的问题。哲学是对世界最深的思考，在这里，你得到的是同情与安慰。没有人因为你找不到生命的意义而嘲笑你，因为所有人都在探讨同样的问题。在哲学的领域，日常的工作与生活被抽离了，它们不再是具体的事件，而是上升到一种理论的高度。运用哲学的思维，你会从另一种高度重新审视自己的生活和内心，你会发现另一个自我，这时困扰着你的难题仿佛并不是那么可怕，你的生活并不是你原先以为的那么枯燥乏味，你的生命有其自己的价值。这时候你的情绪自然而然就会得到调节，你会以一种新的心态重新融入生活中去，这时你的生活就好像更加有了方向。

而如果你的思绪有些紊乱，从而使你情绪不佳时，做一些趣味的数学题不失为一种好的方法。数学是最讲究逻辑的一门学科，在这里，分类讨论、推断证明成了主要手段。每道题都有严格的逻辑顺序，使你的思路自然而然地变得清晰，你就不会再为毫无秩序的思考方式而感到苦恼，在看待事物时就会用一种分门别类的思想来思考。而当你的头脑清晰时，情绪自然也会变得好起来。

"知识就是力量。"知识不仅是改变你命运的力量，也是调节自身的一种力量。掌握这种力量，你就不会再被一种不好的情绪所困扰，你会用一种更开阔的思路思考问题，从而得出最佳的答案。

知识是人类最大的财富。在知识的海洋里，你可以和许多人交流思想。如果在现实生活中不得意，那么就到知识中寻找安慰。一个人的情绪受其思维模式的支配，获得更多知识意味着你获得更多想问题的方法，那么也就获得更多调节情绪的方法。如果不想沉浸在不好的情绪中，那么就要和知识为邻。

# 保持一颗赤子之心

　　成年人的思想是复杂的，但是有的时候简单反而更好。成熟固然好，单纯更为可贵。成熟的代价是经历许多磨难，然而如果在经历这许多的磨难之后，你仍然可以用一颗赤子之心来看待这个世界，那么你就超越了平凡的人生，获得了一种更大的乐趣。

　　在成年人的世界中生活，尔虞我诈的事情是常常存在的。既然介身其中，你就不可避免地要受到影响。或许并不是你自己的意愿，但是你身不由己。你要学着勾心斗角、学会欺瞒哄骗、学着圆滑世故。但是你并不因此感到高兴，相反，你可能会感到十分痛苦，这就是为什么成年人，特别是那些有成就的人中间有这么多人备受抑郁症折磨的原因。他们被一种有害的情绪所侵扰，使他们无法正常地思考。而这一切的原因正是由于他们摆脱不了成人的世界，他们不能保存一颗赤子之心。

　　孩子看待世界的眼光都是新奇的、充满魔力的。如果你能够用孩子的眼光来看待这个世界，那么你就不会只看到人和人之间的虚伪，只看到生活的困苦，只看到自己的无奈，你也会看到人们之间的信任、生活中的快乐和自己的幸福。

　　钱钟书先生可谓是一个保持着童心的一位作家，他的许多小故事都让我们看到一个真正的赤子的形象。

　　1994 年 10 月 30 日，是夏衍先生的生日。当时，钱钟书和他一样，也因病住院了，夏衍便让女儿给钱钟书送去一块蛋糕。钱先生胃口大开，兴致勃勃地坐在病床上吃蛋糕。偏巧在这个时候，一名摄影记者悄悄溜进病房，准备偷拍。开始拍时，钱先生背对记者，没有理会，大嚼如初。渐渐地，这名记者胆大起来，转到钱先生的正面拍摄。措手不及的钱先生为了保护尊容，撩起被子，连头带蛋糕一起捂进去，全然不管奶油弄得满被子，惹得周围的人哈哈大笑。

钱先生一生幽默风趣，保留一颗童心，看他的书，我们总能够感受到他对生活的热爱与新奇，正是这种童心使他看到了生活中平常人看不到的地方，从而写出这样灵动的文字。

有的时候，保持一颗童心，正是你调节情绪的最佳方法。在职场中间，同事的暗中较量与竞争会令人身心俱疲，这个时候，如果你丢弃攀比之心，不去参与那些明争暗斗，而是保持自己的一方净土，那么你会得到一片宁静的天空、一个恬淡的心绪，虽然没有得到物质上的东西，却得到了心灵的满足，你会比那些为名利争得焦头烂额的人更幸福，那么你就并没有失去什么。

我们的天性都是向往单纯、美好的世界，我们排斥那些假恶丑的东西，只是当我们长大，因为这样或那样的理由，我们不再让自己坚持单纯，而是一步步把自己带向复杂与不纯洁，我们称之为成熟。其实，这些都是我们自己私心的借口。我们为了一点点蝇头小利而卷入竞争漩涡，弄得我们自己疲惫不堪、情绪低落，根本不值得。

居里夫人获得过无数的奖项，但是她仍然是那个单纯追求科学的人。她并没有为自己的荣誉冲昏头脑，而是明智地选择退出社会，她将自己的奖牌拿给孩子当玩具。跟她相比，那些为了一点私利就去争得面红耳赤的人该有多么无知。保持一个单纯的心，知道自己真正要的是什么，然后一往无前，这才是人生正确的选择。

如果我们想要在生活中生活得快乐，如果我们想要使自己的情绪变得稳定，不那么焦躁，那么就要学着找回自己当初的赤子之心。找回童年时的纯真并不难，如果你确实有这份决心。

要找回童年时的纯真，那么就要去注意生活中你不曾注意到的一些东西，例如一朵花的开放。一朵花开不开对于成年人而言并不是那么重要，而它却能带给孩子无限的欣喜。那么，当你看到一朵小花正在开放，就放下手中的工作，和孩子一起感受这份惊喜吧，在欣赏花的同时，你会发现自己的一些苦恼居然在慢慢消失，随之而来的是真正的宁静与喜悦。

要找回童年时的纯真，那么还要放弃一些你认为"重要"的东西。在工作上，你或许经常为奖金的多少而计较，那么你就要学着不去打听这些事情，让你的心跟着放松。你要学着喜欢工作本身而不是一些外在的东西，这样你才会在工作时保持一个愉快的心情；在日常生活中，你不要太过于在意别人的评价。如果不愿意化妆，那么就试着素面朝天，让自己和阳光雨露零距离接触。不要过于在意自己是否穿着入时、打扮得体，其实并没有多少人能够看到你究竟多戴一件首饰还是少抹一点口红。每个人都有自己的生活，没有人会真正介入你的生活去指手画脚，那么就让自己来支配自己的生活吧，不要为了别人而把自己的生活弄得复杂。离开了别人的眼光，你才会自由自在地享受你自己的生活。你之所以郁郁寡欢，正是因为你太在意别人的缘故。

人生有 3 种境界，"看山是山，看水是水；看山不是山，看水不是水；看山还是山，看水还是水。"第一种境界是童年时的纯真，这时候人只有单纯的快乐；第二种是大多数成年人的心态，他们将自己的生活变得非常复杂，自己的情绪也并不会开朗；第三种是经历大风大浪后得到的人生真谛，如果你达到这一层境界，那么你的心绪就会永远处于一种安宁平和之中。

**心灵秘籍**

赤子之心是一个成年人最缺乏但是最重要的东西。如果你想要拥有一个好的心绪，想要使自己快乐地生活每一天，那么就试着使自己变得如孩童般美好、单纯、天真。赤子之心并没有离你而去，它深藏在你内心深处，如果你肯去挖掘，那么你就会找到内心的最大宝藏。一个人的情绪其实不是因为外物而变得或好或坏，而是因为自己看待外物的角度。试着用孩子的角度去诠释这个世界，或许你会得到不一样的答案。

# 保持浪漫的生活态度

生活需要浪漫，需要时时从现实生活中解脱出来去观看世界的最美好。行走在生活的荆棘中，我们有时候只看见了泥泞，只看见了寸步难行，其实还有另一个美好的世界需要我们去挖掘、需要我们去创造。浪漫的生活态度如同不失童真的纯美，鸟语花香、皓月群星，那一个眼神、那一句话语，都将成为生活的闪光点。让我们浪漫地生活，让心灵存有一个美好的地方。

米特切尔说："许多人因为不想受伤而封闭自己。但没有浪漫，你也许和死了差不多，你只是存在而已。浪漫对你有益，能提升你的灵性。如果你允许自己善感些，自然就浪漫了。听见鸟鸣……你觉得舒畅。"浪漫的生活有时候就是大开眼界，打开人生的另一扇窗户，在这里，你会忘却烦恼、忘却工作上的那些不愉快，充分地享受大自然。

浪漫是一种生活姿态，是一种对生活的热忱，只有热爱生活的人才能体会到生活的美妙之处。浪漫无处不在，无人不能及，餐桌上的蜡烛是浪漫，背后的一枝花是浪漫，一个示爱的短信是浪漫，一个儿时的游戏也是浪漫……浪漫不是什么高级的奢侈品，而是我们人人可以创造和享受的。

艾伦和吉姆已经结婚半个世纪。自从相遇的那刻起，他们一直玩着属于他们自己的游戏。他们的游戏是将"shmily"写在一个特别的地方，让对方在不经意时突然看见。他们轮流在房子里制造"shmily"，发现的人就另想一个留下"shmily"的地方。

有时他们用手指沾着糖或面粉，将"shmily"写在糖罐或面粉罐上，等到准备下一餐的人发现。又有时，他们用窗户上的雾气写下"shmily"，等下一个站在窗边往外望去的人发现。"shmily"有可能是泡热澡后留在镜子上的水气。有一次，艾伦更是费尽力气将整卷卫生纸卷到最底处，只为了将"shmily"写在最后一节卫生纸上。

他们的游戏没完没了，"shmily"随时会出现。在车内仪表板、座位或方向盘上也都可以瞧见小小的便条纸上草草地签着"shmily"，或塞在鞋内，或留在枕头底下。"shmily"这个神奇的字眼已成为家中家具摆设的一部分了。

直到他们离开这个世界，这个游戏都没有结束过。很多人都很奇怪，为什么夫妻两个人看到这几个字母会很幸福地微笑？最后才知道，S－h－m－i－l－y（SeeHowMuchILoveYou）就是：让你知道我有多爱你。

真正的浪漫不必用金钱打造，其实廉价的浪漫不见得真的廉价，浪漫需要的是那份心情，是那种感觉和享受的冲动。浪漫有时候就是生活中的一个小小的细节，就是一张小纸条，就是一个小小的游戏，就是一个会心的微笑。如果说风情需要培养，浪漫则需要真诚。金钱打造不出浪漫，做作和矫情也是浪漫的敌人。这样的情节经常在电影中出现：花花公子们花大价钱制造浪漫，只是为了梦中佳人以身相许，但是这不是真正的浪漫，这只能显示花花公子们的虚荣。真正的浪漫，是茶余饭后和爱人漫步于林荫小道，是在仲夏之夜与爱人共看明月繁星，是在爱人做家务时悄悄立于身后，是在爱人工作的时候献上一杯热茶，是在爱人生病时衣不解带地照顾，是在爱人有困难的时候默默无闻地关怀……

佛说，人生来就是受苦受难的。实则不然，生活其实会有令一面的美好。高节奏的现代生活、竞争力激增，生活压力越来越大，那些不仅人如意的工作、那节节攀升的房价、那稳如泰山的工资、那些生活中的坎坎坷坷、烦恼是必然的，困苦也是必然的，但是上帝绝对是公平的，为你关上一扇门，也会打开一扇窗，只是很多时候我们只是看见了关上的门，而没有看见打开的窗。

浪漫需要有自己的兴趣、有自己喜爱的东西。浪漫的人总是知道自己喜欢什么、知道自己需要什么，并始终坚持着。如果你热爱读书，那就在不开心的时候拿一本自己最喜欢的书，吟诵着、平静着，让生活的烦恼在这里沉淀下来，慢慢地消逝。如果你喜欢旅游，那么，在你觉得生活中的压力真的难以排解的时候，为什么不鼓足勇气去为自己安排一趟浪漫的旅行呢？为什么不给自己一个浪漫生活的机会呢？其实浪漫有时候真的很简单，但是绝对需要你去坚持，需要你始终不忘却自己最真实的需要。

浪漫绝对拒绝攀比的心态。有时候我们喜欢勾心斗角、我们喜欢对比，我们很难接受周围的人比我们优秀、很难接受能力不如我们的人却得到了更多、很难接受别人升迁了自己却在原地不动，甚至我们会因为好朋友的升迁而从此冷落他。其实浪漫的最大敌人就是攀比，就是见不得别人比自己优秀，见不得别人比自己过得好。要么我们妄自菲薄，要么我们愤世嫉俗。其实不必如此，幸福和快乐，不是攀比的来的，不是优秀的人就更幸福，不是成功的人就更幸福。我们必须要明白，一切的努力都是为了生活地更好，这个更好的界定绝对不是物质和荣耀，是自己内心的感受，是自我的一种肯定。所以，让我们爱我们自己、相信自己，时时地肯定自己。

浪漫需要对生活细致地观察。很多时候，工作太忙，我们忘记了生活，认为工作就是生活，生活就是工作。问问你自己，你多久没有去闻闻花香？有多久你没有看看月亮？有多久你没有听听鸟鸣？有没有觉得很久没有和爱人聊聊天？有没有觉得很久没有和父母通电话……你会不会觉得你离大自然越来越远？会不会觉得生活乏味得只剩下赚钱？会不会想抛弃这样的自己，想痛快地哭一场、想痛快地醉一回……其实生活的浪漫大多来自我们对生活的留心，来源于我们对生活的认真态度。

浪漫的生活能让我们保持良好的情绪，能给我们的生活带来快乐和幸福。很多时候，浪漫的生活态度决定了我们能否能有积极向上的工作态度，浪漫的态度能让我们对生活和工作始终保持热情。

# 惬意地生活

生活的本质应该是充分享受它带给我们的乐趣，使我们活得惬意，一味地热衷于虚名浮利是舍本逐末的愚蠢行为。我们要学会在繁忙的工作和琐事中调整自己的心态，轻松地生活，这样才能使自己的人生变得有意义。惬意地生活能让我们始终保持良好的情绪、保持乐观的态度，能让生活变得更加轻松愉快。

惬意地生活是一种轻松的人生态度。如果你愿意出来散散步，那么，你就出来散散步；如果你愿意看月亮数星星，那么就拿出一个夜晚来坐在草地上安心数星星；如果你愿意今天做饭吃，那么你就高兴地下厨房；如果你愿意这个周末出去野餐，那么就提前准备好一切。其实惬意地生活就是要不时地听一下自己内心究竟在想什么。

真实地对待自己的内心。人生在世，最痛苦的是不能面对自己的内心,很多时候,我们不得不撒谎,我们不得不说些言不由衷的话,我们总是善于掩饰、善于伪装。虚伪是一件没有办法的事情,是一种自我保护,是一种精明的处世方式。可是时间久了,你会不会觉得自己丢失了自我?会不会突然间觉得很累?会不会有一种想发泄的冲动?会不会觉得已经不认识自己?很多时候我们需要认真地面对自己的真心,因为掩盖久了也许真的就忘了真实的自己。要爱就爱,要爱就轰轰烈烈地去爱;要哭就哭,要哭就痛痛快快地哭;要恨就恨,要恨就认真努力地恨。有时候我们需要任性,需要遵循自己的内心,但是这种惬意决然不是随心所欲,我们必须要保证不伤害别人、不伤害我们的亲人。

很多人总是抱怨生活没办法惬意。没房子的时候想买房子,有了房子又发现房子旧了、小了、该换换了。我们起初需要一辆自行车,等买上了,已经有人骑上一辆摩托了,既不用蹬且速度也快多了。等自己好不容易买上了摩托车,别人又坐在那4个轮子可以遮风挡雨的小汽车里了。因此你会想:我的生活节奏总是比别人慢,这样的生活怎会有惬意?总觉得自己的孩子比那些优秀的孩子差。

蒙田先生说过一句话:“跳舞的时候我便跳舞,睡觉的时候我便睡觉。”这样的生活多么惬意。而我们却经常在应该酣眠的时候希望跳舞,在可以跳舞的时候又想酣眠,这样两边都不踏实,睡觉也睡不好,跳舞也跳不痛快。渐渐地,我们再也不能惬意地生活。仔细品读蒙田先生的这句名言,你就会发现,获得惬意的生活并非难事,看你愿不愿意这样去生活。佛言“时在当下”,我们应该忘记过去,不与他人攀比,着眼于“当下”,安于“当下”,心安则心静。我们应该认真工作,力求平稳顺利;我们应该精心布置自己的房屋;我们应该好好培养我们的子女,因为他们是我们生命的延续……

小倩是一个超市的导购员,她的工作非常劳累,每天都要工作很长时间,工资也不高,很多时候还会受到顾客的为难。很多时候小倩会觉得工作非常没有意思。终于有一天，她在散步的时候，看到了一个乞丐，这个乞丐是个残疾人，没有劳动能力。可是那天晚上，她看见他在小声地哼唱《风雨之后见彩虹》，当时小倩听到了非常感动，就坐下来给了那个乞丐一些钱，并赞美他歌唱得很不错。过了几天，小倩下班以后看到一群人在那里围着不知道干什么，她挤进去一看，是自己前些天碰到的那个乞丐，他在大声地歌唱，他在快乐地歌唱，周围的人都被他感动了，有人问他，为什么连饭也吃不上了还能唱歌？他说，虽然生活不尽如人意，可是快乐需要自己找寻，再困苦的日子也有惬意的时候。

小倩听罢，自己偷偷地哭了。从此以后，小倩再也不抱怨了，她总是笑眯眯的。如果你问她为什么这么快乐，她会告诉你，生活需要惬意、需要解脱。

从这个例子中，我们知道，惬意地生活其实并没有那么难，很多时候我们需要放松自己、需要解脱自己。快乐并非是某些人的特权，但是它只属于那些热爱生活的人。

其实我们应该明白一点，人生总是天外有天，人外有人，天分有差异、机会有差异，但是有一点是没有任何区别的，那就是追求快乐生活的权利。不要总觉得自己不如别人就情绪低落。乞丐有乞丐的快乐，底层劳动者有底层劳动者的快乐，快乐不分等级，快乐不看物质，快乐就是快乐，只要你想惬意，那么你就可以。

**心灵秘籍**

惬意的生活态度能够帮助我们保持良好的情绪，惬意的生活态度也是一种童真的表现。现代生活压力越来越大，我们需要惬意的生活态度，我们需要随心所欲的快乐，无论再忙再累，千万别忘了惬意地生活。

# 乐而忘忧

快乐的人生才是美妙的人生，快乐应该是我们每一个人的人生追求。快乐地生活，始终保持着明朗的情绪，才能更好地安排我们的工作和情绪。快乐的人更能发现人生的美好之处，快乐的人能在带给自己欢笑的同时也带给别人快乐。

快乐能让我们忘掉忧愁，快乐能让我们轻松地走出困境。快乐其实是一件很简单的事情，很多时候我们不快乐是因为我们心胸狭隘，是因为我们无法面对生活的小烦恼。心胸狭隘就是心内不能容物、极端的自我与自私，心中只有自己，而不能出现别人。心胸狭隘的人，他们的显著的特点就是不能容忍别人比自己强，他们的自我自私特性决定了他们的世界里只能有他们自己。如果有别人比自己强的话，他们就会感觉自己成了别人的陪衬，这是他们万万不能接受的，于是就烦躁不安、心神不定，甚至连日子都过不下去了。这样的人怎么会快乐？

身为魏王的曹操，亲率大军20万与刘备争夺汉中，不想屡遭挫败。这天，曹操看到厨师送来的鸡汤，觉得目前的战局很像啃鸡肋骨，丢掉又舍不得，吃起来又没有味道。此时，大将夏侯惇来请示夜间口令，曹操随口而答："鸡肋！鸡肋！"行军主簿杨修听到这一口令，随即吩咐随行军士收拾行装，准备归程。夏侯惇惊问何故，杨修说："从今夜口令便知魏王将要退兵。鸡肋，食之无味，弃之可惜，现在的战局也正是这样。进不能胜，退恐人笑，不如早归。我料定魏王来日必要班师，所以先收拾行装，免得临行时慌乱。"夏侯惇听了觉得有道理，于是也收拾起来。曹操知道后大怒，以"乱我军心"论罪，将杨修处斩了。

杨修在的时候，曹操始终不能释怀，总觉得他是威胁，于是整天闷闷不乐，最终杀害了杨修，自己也失去了一名大将。可见心胸狭隘不但自己无法快乐还会给别人带来伤害。

快乐的人懂得知足常乐。我们不可能做到最优秀，不可能最成功，这时候我们不必忧愁难过，唯有知足常乐才能更好地生活。知足常乐语出《老子·俭欲第四十六》："罪莫大于可欲，祸莫大于不知足；咎莫大于欲得。故知足之足，常足。"意思是说：罪恶没有大过放纵欲望的了，祸患没有大过不知满足的了；过失没有大过贪得无厌的了，所以知道满足的人永远觉得满足与快乐的。

有一个民间故事。

胡九韶，明朝金溪人。他的家境很贫困，一面教书，一面努力耕作，仅仅维持温饱。

每天黄昏时，胡九韶都要到门口焚香，向天拜九拜，感谢上天赐给他一天的清福。妻子笑他说："我们一天三餐都是菜粥，怎么谈得上是清福？"胡九韶说："我首先很庆幸生在太平盛世，没有战争兵祸。又庆幸我们全家人都能有饭吃、有衣穿，不致挨饿受冻。第三庆幸的是家里没有病人、监狱中没有囚犯，这不是清福是什么？"

生活就是如此，幸福就在我们身边，有时候能够安稳地活着就是快乐、就是幸福。龙应台说：幸福就是一切如旧。当我们早上醒来，发现太阳照常升起，发现我们的亲人还在身边，发现我们还可以安稳地去上班，发现依然没有战争，发现一切如旧，这就是快乐，这就是幸福。

快乐需要我们时刻保持微笑。笑着对待生活的一切，笑着对待工作中的坎坷，笑着面对生命的沟坎，笑着的人最美丽。

央视"艺术人生"和"新闻调查"栏目曾经相继向全国电视观众介绍了一个人，这个人叫丛飞，他是深圳一个普通的歌手、一个没有固定工作、没有单位的三十出头的男人,但就是这个脸上始终带笑的歌手,在 11 年的时间里参加了 400 多场义演,捐出了自己辛辛苦苦挣来的 300 万元,资助了 183 名贫困学生。他是一个病人,一个被诊断为"胃癌晚期"却连医疗费也付不起的病人,但是他始终用微笑面对生活。当然,丛飞还有另外的一些很光荣的头衔:爱心大使、五星级义工、中国百名优秀志愿者。

被诊断为"胃癌"甚至没有支付医疗费用的患者都可以微笑地去生活,为什么正常人不呢?有人说:"生活得幸福就是一切。"实则不然,如果人们在生活中做不到微笑,那么他怎么会高兴呢?如果我们用微笑面对生活,生活将更加美好。

微笑是带给大地温暖的阳光;微笑是带给世界滋润的雨露。微笑和爱心都有神奇的力量,可以安慰那些身处困境的人们;可以使走入绝境的人重塑生活的信心;可以为孤苦无依的人找到心灵的慰藉;还可以滋润枯竭的心灵。有一句话是:笑一笑,十年少。永远面带微笑的人是最快乐与年轻的。微笑像阳光,明媚照大地;微笑像清风,温柔慰树林;微笑像浪花,巧笑戏礁石……

微笑是幸福的最好诠释;是快乐的全部意义;是温暖的最深真谛;是挫折的最好鼓励;是坚强的最佳象征。世间万物都是大家共有的,可是喜怒哀乐却是个人私有的。生命是美好的,不要烦恼。面对生活,我们一定要乐观,不论前面是坦途还是坎坷,都要选择微笑。

### 心灵秘籍

在生活中,难免有高兴与悲伤。在你高兴时,不必压抑,尽情地笑。在悲伤的时候也可以想想高兴的事。总之,要让自己乐观向上。俗话说:"笑一笑,十年少;愁一愁,白了头。"生活总是要继续的,我们为什么要对自己那么残忍,让自己生活在愁云惨淡里?我们应该勇于面对生活,亮起最美的微笑。